阴离子导向的超分子组装体的合成与研究

崔凤娟 韩雪 著

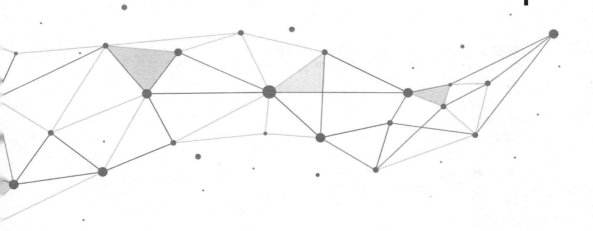

黑龙江大学出版社
HEILONGJIANG UNIVERSITY PRESS
哈尔滨

图书在版编目（CIP）数据

阴离子导向的超分子组装体的合成与研究 / 崔凤娟，韩雪著 . -- 哈尔滨：黑龙江大学出版社，2024.4（2025.3 重印）
ISBN 978-7-5686-1120-6

Ⅰ . ①阴… Ⅱ . ①崔… ②韩… Ⅲ . ①阴离子－超分子结构－结构化学－研究 Ⅳ . ① O646.1

中国国家版本馆 CIP 数据核字（2024）第 082869 号

阴离子导向的超分子组装体的合成与研究
YINLIZI DAOXIANG DE CHAOFENZI ZUZHUANGTI DE HECHENG YU YANJIU
崔凤娟　韩　雪　著

责任编辑	高　媛
出版发行	黑龙江大学出版社
地　　址	哈尔滨市南岗区学府三道街 36 号
印　　刷	三河市金兆印刷装订有限公司
开　　本	720 毫米 ×1000 毫米　1/16
印　　张	13.75
字　　数	225 千
版　　次	2024 年 4 月第 1 版
印　　次	2025 年 3 月第 2 次印刷
书　　号	ISBN 978-7-5686-1120-6
定　　价	56.00 元

本书如有印装错误请与本社联系更换，联系电话：0451-86608666。

版权所有　侵权必究

前　　言

在早期超分子化学中,阴离子主要用来诱导合成超分子体系,随着阴离子配位化学的提出、发展,阴离子作为配位节点构筑阴离子化合物日益成为研究热点。本书详述了具有高度对称性的功能化的联吡啶及联二脲配体的设计与合成,研究了阴离子在模板组装和配位中的性质。

本书共分8章。第1章为绪论,概述了阳离子的配位特点、阴离子配位化学的起源与发展、阴离子的重要性,以及阴、阳离子模板组装的研究近况,最后介绍了本书研究的目的和意义。第2章介绍了咪唑桥联的二－联吡啶配体与二价金属作用,通过阴离子诱导设计合成了三螺旋手性笼状配合物。第3章进一步利用阴离子间的差异性设计合成具有荧光性质的一价银配合物。第4章介绍了苯并冠醚修饰的二－联二脲受体的磷酸根阴离子配位,实现了阴阳离子对的三螺旋合成。第5章基于C_3－对称的三－联二脲受体,设计合成了首例以磷酸根为配位节点的四面体笼状化合物和以硫酸根为配位节点的螺旋体,通过对这两种配合物的研究,进一步证明了借鉴阳离子配位特点研制新型阴离子配合物的可行性。第6章介绍了焦磷酸根导向的基于芘基单脲的比色传感器的构建,实现了对水溶液中PPi的裸眼检测。第7章介绍了焦磷酸根导向的基于芘基双脲的荧光传感器的构建,实现了对水溶液中PPi的双模式检测。第8章介绍了小分子导向的金属有机框架模拟酶的制备,利用显色反应将模拟酶成功用于检测小分子过氧化氢的研究中。

本书由齐齐哈尔大学化学与化学工程学院崔凤娟和轻工与纺织学院韩雪共同撰写完成。其中崔凤娟负责本书第1章～6章的撰写,共计13.6万字;韩雪负责本书第7章、第8章、附录及参考文献的撰写,共计8.9万字。最后由崔凤娟负责统稿工作。

本书的出版得到了国家自然科学基金项目（21801147）、黑龙江省自然科学基金项目（B2015015）、黑龙江省省属高等学校基本科研业务费科研项目（145109111，145209139 和 135309354）的支持。

本书是在最近工作的基础上整理撰写的，由于笔者水平有限，虽几经改稿，书中错误与缺点在所难免，敬请读者批评指正。

崔凤娟　韩雪
2024 年 1 月

目 录

第1章 绪论 ·· 1
  1.1 概述 ·· 1
  1.2 阴离子配位化学 ·· 5
  1.3 阳离子配位规则在阴离子配位化学中的应用 ····························· 9
  1.4 化学模板合成与组装 ··· 12

第2章 阴离子诱导咪唑桥联的二－联吡啶的三螺旋生成 ···················· 27
  2.1 引言 ··· 27
  2.2 实验部分 ··· 29
  2.3 结果与讨论 ·· 37
  2.4 小结 ··· 54

第3章 基于咪唑桥联的双二联吡啶配体同核一价银配合物制备
      及性质研究 ··· 55
  3.1 引言 ··· 55
  3.2 实验部分 ··· 56
  3.3 结果与讨论 ·· 61
  3.4 小结 ··· 72

第4章 基于苯并冠醚修饰的二－联二脲受体的阴阳离子对控制
      三螺旋合成 ··· 73
  4.1 引言 ··· 73
  4.2 实验部分 ··· 75
  4.3 结果与讨论 ·· 80
  4.4 小结 ··· 85

第5章　基于 C_3 对称的三－联二脲配体磷酸根四面体 A_4L_4 阴离子笼的组装 ·················· 87
　　5.1　引言 ·················· 87
　　5.2　实验部分 ·················· 90
　　5.3　结果与讨论 ·················· 96
　　5.4　小结 ·················· 109

第6章　焦磷酸根导向的芘基单脲比色传感器的建立 ·················· 111
　　6.1　引言 ·················· 111
　　6.2　实验部分 ·················· 112
　　6.3　结果与讨论 ·················· 114
　　6.4　小结 ·················· 125

第7章　焦磷酸根导向的芘基双脲功能化荧光传感器的构建 ·················· 126
　　7.1　引言 ·················· 126
　　7.2　实验部分 ·················· 128
　　7.3　结果与讨论 ·················· 131
　　7.4　小结 ·················· 140

第8章　小分子导向的金属有机骨架模拟酶的制备及酶催化活性的研究 ·················· 141
　　8.1　引言 ·················· 141
　　8.2　实验部分 ·················· 144
　　8.3　结果与讨论 ·················· 147
　　8.4　结论 ·················· 169

附　录 ·················· 170

参考文献 ·················· 175

第 1 章 绪 论

1.1 概述

1.1.1 配位化学

1.1.1.1 阳离子配位化学概述

阳离子配位化学就是配合物化学,配合物在自然界中普遍存在,在历史上最早有记载的是普鲁士蓝{$Fe_4[Fe(CN)_6]_3$,如图 1-1 所示}和[$Co(NH_3)_6$]Cl_3 配合物。而[$Co(NH_3)_6$]Cl_3 配合物被认为是经典的维尔纳配合物(图1-2)。1893 年瑞士化学家 Werner 创立配位化学,配位化学才成为一门独立的学科,并且快速发展着,使传统的无机化学和有机化学的壁垒逐渐消融,不断与物理化学、材料科学及生命科学交叉、渗透,并孕育出许多新兴边缘学科,为化学学科的发展带来新的契机。经过化学家们 100 多年的努力,配合物由传统经典的配合物发展到今天的配位超分子化合物,已显示出结构和功能上的优异性,成为现代无机化学的一个发展方向。为了说明配合物的各种错综复杂的立体结构、反应、光谱和磁性等性质,化学家们相继提出了多种配合物成键理论来概括配合物形成的本质。配位化学理论得到不断的发展,已经相对成熟,无论是配合物的定义、组成、分类、命名,还是立体化学性质、化学价键理论等都已较为完善。

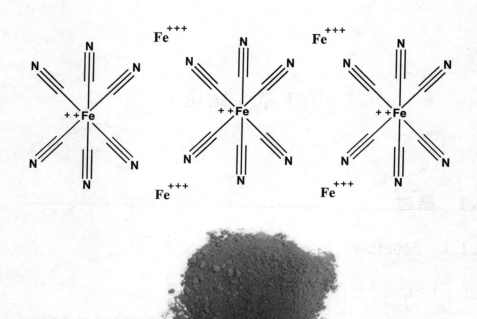

图1-1 普鲁士蓝的结构简式及固态粉末

图1-2 [Co(NH$_3$)$_6$]Cl$_3$ 配合物

注:(a)为[Co(NH$_3$)$_6$]$^{3+}$阳离子的结构式;(b)为[Co(NH$_3$)$_6$]Cl$_3$的晶体。

配位化学新的发展及应用趋势开始于20世纪60年代初期,具有金属-金属化学键的配合物的发现使得配位化学的研究重点从单核配合物转向多核配合物。这些配合物不仅可以用于传统的染料工业,还可以更广泛地应用于陶瓷、矿物、材料科学、高温超导等许多领域。因此,此类配合物引起各个学科研究者的极大兴趣,其已成为当前化学基础研究的前沿领域。配合物的研究涉及了元素周期表中的大多数金属元素，但是目前人们关注的焦点多集中在过渡金属和稀土金属元素上，因为这些元素的配合物常具有独特的光、电、磁性质，并与生命活动密切相关。

1.1.1.2　阳离子配位化学到阴离子配位化学的发展

溶液中金属配合物的生成机制于 20 世纪 60 年代提出。随后，配位聚合物、分子簇合物等超分子化合物的出现使得配位化学出现了繁荣的景象。配位超分子化学传统理论认为，配合物是由配体和中心原子组成的，配体是能够给出孤对电子或一定数目不定域电子的离子(或分子)，中心原子是具有接收孤对电子或不定域电子的空位的原子(或离子)，它们是由配位键按一定组成和空间构型连接而成的。后来新发现的配合物与传统的理论有不吻合之处。例如，大环聚醚腔体中包入 NH_3，多铵大环中嵌入无机酸根，环糊精中装入中性 $C_5H_5Mn(CO)_3$ 等，从中已找不到能给出孤对电子或不定域电子的配体，也没有能接收孤对电子或不定域电子的中心原子，因此不存在配位键，显然配位化学的范围大大扩展了。Cram 从大环配位化学角度把现代配合物定义为主客体配合物，也就是与中心原子相应的部分叫作客体，与配体相应的部分叫作主体。配位超分子化学强调分子之间的相互作用——超分子作用，又称为广义配位化学，与中心原子相应的部分被叫作底物，与配体相应的部分则称作受体。事实上，超分子体系所具有的独特有序结构正是以其组分分子间的非共价键弱相互作用为基础的。Lehn 等人在超分子化学领域中的杰出工作，使配位化学的研究范围大为扩展，为今后的配位化学开拓了富有活力的广阔前景。

徐光宪院士指出，21 世纪的配位化学是研究广义配体与广义中心原子结合的配位分子片，以及由分子片组成的单核配合物、多核配合物、簇合物、功能复合配合物及其组装器件、超分子、锁钥复合物、一维、二维、三维配位空腔及其组装器件等的合成和反应，制备、剪裁和组装，分离和分析，结构和构象，粒度和形貌，物理和化学性能，各种功能性质，生理和生物活性及其输运和调控的作用机制，以及上述各方面的规律、相互关系和应用的化学。简言之，配位化学是研究具有广义配位作用的分子的化学。配位超分子化学已经逐渐成为超分子化学、晶体工程研究领域的新热点。配位超分子化学的研究包括两个方面：一方面，金属与配体相互作用构筑丰富多样的具有零维、一维、二维、三维结构的超分子合成子;另一方面,以各种超分子作用力构筑具有丰富拓扑结构和复杂镶嵌结构的新颖结构的配位超分子化合物。

1.1.2 超分子化学与自组装的重要性

超分子化学是研究分子组装和分子间键的化学。Lehn 在获 1987 年诺贝尔化学奖的演讲中,首次提出了"超分子化学"(supermolecular chemistry)的概念:超分子化学是研究两种以上的化学物种通过分子间力相互作用缔结而成的具有特定结构和功能的超分子体系的科学。早期,超分子化学是研究主客体分子之间作用的科学,从而显示出与分子化学之间的区别。然而现在超分子化学不只是局限于研究主客体化学,同时也在分子器件和分子机器、分子识别及自组装、自分类和自组织等方面做出了很多研究。其实超分子化学涉及的最核心问题是如何处理好各种弱相互作用的选择性及方向性对分子识别及分子组装的影响。由此可见,超分子化学开拓了创造新物质与新材料的崭新的无限发展空间。

在复杂多样的生命体内,存在各种自组装现象,如细胞由各种生物分子自组装而成,蛋白质由自组装形成的有序结构发挥其功能与生物活性等。生命体的许多功能得以实现,正是因为这些复杂的生物体有着精准的三维结构、确定的形状和尺寸,而这些往往是通过许多弱相互作用形成的。自组装是生命科学最本质的内容之一。生命体通过非共价键相互作用可以精准形成高度有序且功能化的结构。这个自然现象启发化学家们利用非共价键来构筑人工自组装体系。

分子自组装是指分子与分子之间通过非共价键的弱相互作用(包括范德瓦耳斯力、疏水作用力、氢键作用、静电作用)自发形成具有一定结构和功能的聚集体的过程。它不需要外力的驱使,可以自发地由无序的状态向有序体过渡,是个不断自我修正、自我完善的过程。若分子间作用力太强、协同性太高,就会形成一种动力学混合物;如果分子间相互作用太弱,就没有导向性,则不能进行自组装。因此只有当选择恰当的作用力,才能形成稳定的组装体。经过几十年的发展,分子自组装研究已经取得了大量成果,包括提出分子自组装的概念,获得大量具有不同形貌的分子自组装体,逐步掌握控制自组装体形貌及形貌转变的方法,以及初步探索了分子自组装的应用。现在已经能够在一定程度上控分子自组装，制得一些稍复杂的有序结构体。2005 年 7 月初，美国 *Science* 杂志在其成立 125 周年之际，提出了 125 个未知的自然科学问题。"我们能够推动化学自组装走多远"就是其中 25 个重大问题之一，指出将来的分子自组装研究应该进一步增强复杂程度，应该多向自然界学习。自组装领域的著名学者 Whitesides 等人认为，研究自组装的终极目的之一是了解和模拟生命的某些过程。

1.2 阴离子配位化学

1.2.1 起源与发展

根据配位化学的定义，我们知道配位化学主要是研究金属的原子或离子（客体）与无机、有机离子或分子（主体）相互反应形成的配位化合物的特点，以及它们的成键、结构、反应。从最初的经典维尔纳过渡金属配合物、簇状物、有机金属化合物，发展到主客体配合物和超分子配合物（碱金属和碱土金属与大环配体、冠醚以及穴状配体形成的配合物），配位化学经过 100 多年的发展，其包含的分支也得到了不断的扩展。阴离子配位化学起源于 20 世纪中期，1968 年杜邦公司的 Park 和 Simmonds 首次报道了一系列的双大环主体 katapinand（图 1-3），发现该类受体被质子化后通过氢键将卤素阴离子包夹在大环空腔内。这一具有里程碑意义的发现标志着阴离子配位化学的开始。虽然较早地发现了 katapinand，但是与阳离子甚至是中性分子的主体相比，非共价的阴离子配位化学发展速度相对缓慢。在 20 世纪 70 年代至 80 年代早期，主要是 Lehn 等人在研究大环受体与卤素阴离子的结合性质，并且取得了一定的成果。直到 20 世纪 80 年代末期，新一代的化学家才开始关注这一尚未开发的前沿领域，阴离子配位化学才获得了突飞猛进的发展。

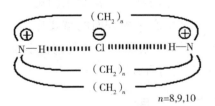

图 1-3 双大环主体 katapinand

直到 2005 年,阴离子配位化学才有了理论上的发展。美国堪萨斯州立大学的 Bowman-James 在总结阴离子配位化学基础上,从配位数、配位几何构型等角度总结了阴离子配位与过渡金属阳离子配位的相似性,并且像当年 Werner 定义传统配位化学一样定义了阴离子配位化学:(1)阴离子具有双重化学价,电荷产生的电价及配位数,配体将提供氢键与之配位,直到配位数饱和;(2)配体将以阴离子为中心排列成一种常见多面体的形式与之配位。这一理论的提出标志着人们对阴离子配位化学的认知达到了理论的层次。但是,与传统配位化学相比,阴离子配位化学无论在实验研究还是在理论层次上都还有一定差距,学科的完善和深入研究还需要今后无数科学家长时间的努力。

由于阴离子配位的相互作用力主要是氢键,因此阴离子配体的设计理念就是将不同类型的氢键供体引入到各种各样的骨架上。在报道的众多中性以及带电的阴离子配体中,具有 NH 供体的胺/铵盐、酰胺、脲/硫脲、吡咯、吲哚、咔唑和苯并咪唑基团是最常用的,同时 OH 和 CH 这些不是很常用的基团也是很好的氢键供体。除了氢键相互作用,其他的一些弱相互作用,例如阴离子-π相互作用和卤键,也逐渐被应用到阴离子配体的设计中。

1.2.2 阴离子的重要性

阴离子在自然界是普遍存在的,并且在很大程度上影响着人类的日常生活。像自然界植物的光合作用,动物的新陈代谢等都存在着阴离子的识别、转化、运输等过程,从而满足生物的需求。但是阴离子浓度一旦失衡便会给环境和人体带来危害。例如,适量氟离子的存在对预防蛀牙是有益的,但是过量摄入可能会导致"氟斑牙"甚至引起中毒;人体血液内的磷酸根浓度失衡可能会引发心血管疾病或急性肾炎等疾病;氯离子的传输通道出现问题会带来囊肿性纤维化;还有环境中的酸雨、水体的富营养化都跟阴离子有关。可见阴离子在维护生物体系正常运转和环境生态平衡方面的重要作用。阴离子受体设计合成以及对某种特定阴离子的识别和检测越来越受到化学家们的关注,近年来其已成为化学、生物领域的一个热门研究课题。

1.2.3 阴离子的基本性质

既然知道阴离子的重要性,作为化学工作者,我们就有义务去研究如何控制和利用好这些普遍存在于自然界中的阴离子。首先需要了解我们的研究对象的一些基本性质,从而做到有的放矢。常见阴离子的基本性质如表 1-1 所示。

表 1-1 常见阴离子的性质

离子	半径/Å	$\Delta G_{水合}/(kJ \cdot mol^{-1})$	pK_a(298 K)
F^-	1.33	-465	3.3
Cl^-	1.81	-340	低
Br^-	1.95	-315	低
I^-	2.16	-275	低
ClO_4^-	2.50	-430	-7.0
NO_3^-	1.79	-300	-1.4
CO_3^{2-}	1.78	-1 315	6.4,10.3
SO_4^{2-}	2.30	-1 080	-3.0,1.9
PO_4^{3-}	2.38	-2 765	2.1,6.2,12.4
$H_2PO_4^-$	2.00	-465	2.1,6.2,12.4
$PdCl_6^{2-}$	3.19	-695	—

(1)负电荷:一方面,带正电荷的主体会与阴离子通过静电作用结合;另一方面,中性主体也会通过离子-偶极相互作用(比如氢键作用)与阴离子结合。

(2)路易斯碱性:绝大多数阴离子是路易斯碱,只有少数例外,没有孤对电子[例如:AlH_4^-,$B(C_6H_5)_4^-$,closo-$B_{12}H_{12}^{2-}$]或者是很弱的碱[例如:$B(C_6H_5)_4^-$]。这一性质意味着具有路易斯酸性的原子都可以作为缔合阴离子的活性位点,而且路易斯酸-碱配位作用具有高度方向性,这就使得有机硼、汞和锡化合物或者金属阳离子配位化合物以及反冠(anti-crown)受体能够成为很好的阴离子受体。

(3)高度极化:阴离子是高度极化的,因而范德瓦耳斯力就变得很重要。范德瓦耳斯力没有方向性,但这些作用力的强弱与主体和阴离子间的接触面积有关,阴离子的三维包封可以提高所有与主体匹配的阴离子的结合能力。

(4)大尺寸:相对于等电荷的阳离子而言,大多数阴离子的尺寸更大

（表1-1），导致电子云密度更低，主客体结合的库仑作用力也会更小，这就要求阴离子受体的空腔尺寸比阳离子受体更大，而且要有更高程度的预组织、互补性等附加效应才能达到同样的结合强度。

（5）形状复杂：绝大多数阳离子都是球形的，而阴离子的形状要复杂得多（图1-4），包含了球形的卤素离子（F^-、Cl^-、Br^-、I^-），线形的SCN^-和N_3^-等，平面三角形的NO_3^-等，方形的$PtCl_4^{2-}$等，四面体形的SO_4^{2-}和PO_4^{3-}等，八面体形的PF_6^-和$Fe(CN)_6^{3-}$等，以及其他一些具有更复杂几何构型的阴离子，因此其主体设计相应也更困难。

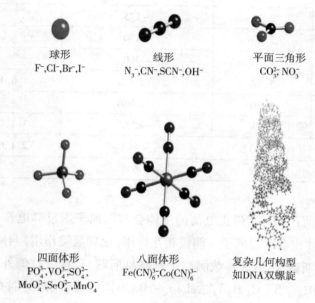

图1-4　常见阴离子的形状

（6）高溶剂化能：与半径相似的阳离子相比，阴离子具有更高的溶剂化能（表1-1，以水合能为例），因此与周围溶剂存在竞争。

（7）对酸碱度敏感：许多阴离子只能在相对较窄的pH范围内存在（pK_a见表1-1），很容易被质子化或者去质子化，如PO_4^{3-}（共轭酸$pK_a = 12.4$）在碱性水溶液中才能稳定存在，主体设计时需要考虑到。

1.3 阳离子配位规则在阴离子配位化学中的应用

1.3.1 阴离子受体设计的模拟

在阴离子配位化学发展的早期,阴离子受体设计思路都是带电荷的,包括胍类受体、路易斯酸螯合剂、反冠受体以及大环铵类受体。尽管带电主体对客体阴离子具有很强的结合力,但其无方向性使这些主体的选择性并不是很高,另外阴离子的竞争效应也对目标阴离子的结合造成不利影响,这些促进了具有更高选择性的中性阴离子受体的产生,因此在主体设计思路上要求更高。配体模拟如图1-5所示。

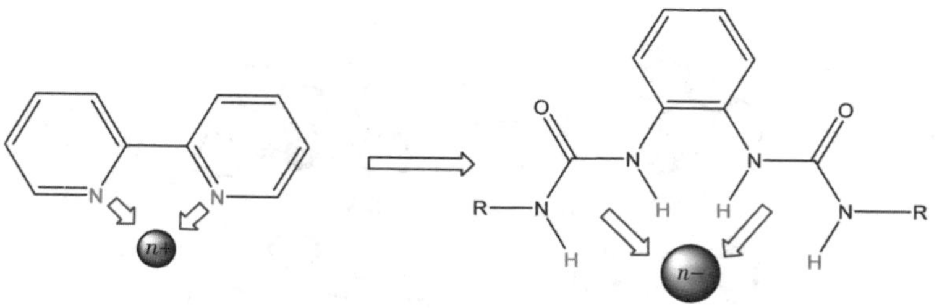

图1-5 配体模拟

Bowman-James 在"阴离子配位"的概念中借用了 Werner 的金属配位概念,并总结了一些关于阴离子配位化学的基本理论,提出了阴离子的配位特性,例如配位构型和配位数,这与过渡金属的配位是非常相似的。这些概念可以作为对阴离子配合物进行分类的标准。同时这也意味着我们可以从经典的金属配位化学中理解主客体的作用,也就是与传统配合物的中心原子相应的部分叫作客体,与配体相应的部分叫作主体。这可进一步用来指导阴离子受体的设计。在过去几十年里,大量的阴离子配体被设计合成出来,并且阴离子配位化学也在传感器、晶体工程、跨膜运输和基于阴离子的催化等方面得到广泛的研究。

值得一提的是,受到阴、阳离子配位中的相似性的启发,我们设计合成了一系列多脲受体1~4,如图1-6所示。其中受体1,在与四面体形阴离子硫酸根、磷酸根结合时采取饱和的十二条氢键模式配位,表现出了完全匹配的键合性质,其对硫酸根的结合常数(1:1)在 DMSO 溶剂条件下大于 10^7,对磷酸根的结合常数(1:2)在 DMSO 溶剂中则大于 10^{12}。为了进一步拓展这一理念在多齿脲类受体设计中的作用,我们模拟三联吡啶和四联吡啶结构设计合成了一系列荚状三脲和四脲受体 2~4,通过对比这两类受体在不同含水环境中对硫酸根离子的结合能力,研究了螯合效应、空间匹配效应和疏水效应对硫酸根结合性能的影响。研究表明,以联三脲为键合位点的 1 和 3 由于和硫酸根有更好的配位匹配性,在无水体系中对阴离子的结合占据优势,而四脲受体由于在螯合效应和疏水效应两方面的优势,在含水环境中对硫酸根的结合更占优势。这一现象体现了单脲基团与磷酸根结合时,其配位方式和理念类似于单吡啶基团与金属中心的配位。

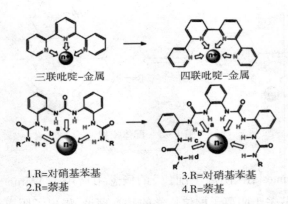

图 1-6 模拟吡啶类配体设计合成多脲类配体

1.3.2 阴离子配位能力差异性的模拟

配体中的一个脲基团相当于一个吡啶氮原子参与配位,即联二脲基团可以像联吡啶那样实现饱和配位模式。但在阳离子配位化学中,化学家们发现阳离子的尺寸及所带电荷数对配合物的结构有着重要的影响,例如二价金属 Cu^{2+} 在与联吡啶配位时,以六配位形式配位形成八面体构型,而一价阳离子 Cu^+ 则会采取四配位形式配位,从而形成平面配位结构,如图 1-7 所示。这充分说明阳离子自身配位能力的差异性决定了最终产物的构型。

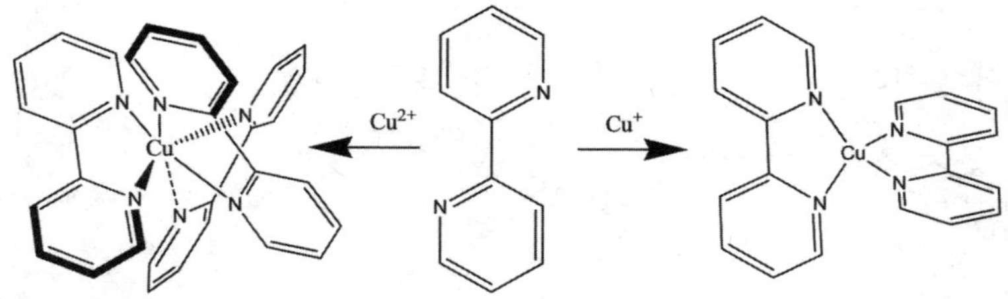

图 1-7　阴离子配位能力差异性的模拟

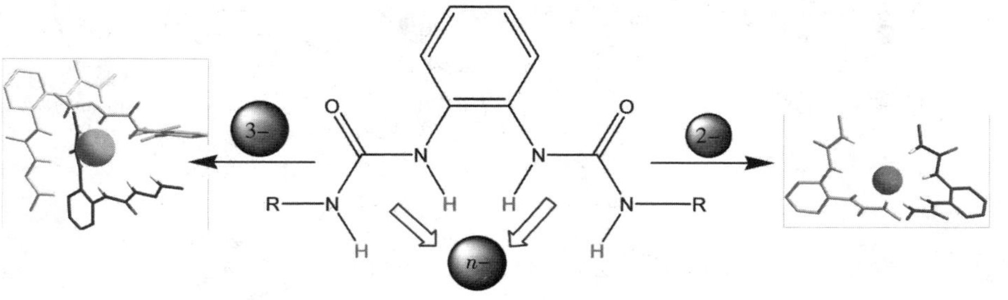

然而，在阴离子识别过程中，化学家们往往忽略了同类型阴离子自身的特点。那么，阴离子在与配体发生配位时，是不是对阴离子的大小、所带电荷数也存在影响呢？我们首先通过量化计算方法证明了阴离子配位与阳离子配位的相似性，对于磷酸根这一四面体阴离子，可以由六个脲基团提供十二条氢键饱和配位，得到磷酸根的配位构型为一个六顶点的八面体。磷酸根相比于同样是四面体阴离子的硫酸根，在组装更复杂的组装体方面具有更大的优势。因此，通过模拟线性联吡啶配体设计合成一系列的线性多脲受体 5~7，发现其与磷酸根作用采取十二条氢键饱和配位模式，形成三螺旋结构，如图 1-8 所示。但当引入同样是四面体构型的 SO_4^{2-} 时，只是形成了"S"形的 1∶2 结构。可见磷酸根与硫酸根的差异对配合物的结构影响很大，这与理论分析结果相一致。

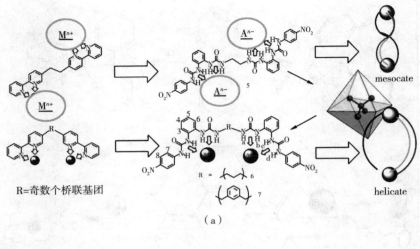

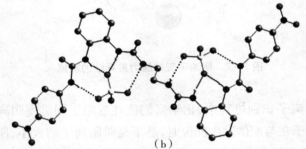

图1-8 模拟联吡啶构建三螺旋结构设计思路

注:(a)为 PO_4^{3-};(b)为 SO_4^{2-}。

1.4 化学模板合成与组装

在过去的几十年间,超分子化学在合成复杂配合物体系的过程中做出了突出的贡献。其中,化学模板合成是应用最广泛的策略之一。所谓化学模板合成,是将反应组分按一定需求组织或连接起来,以合成具有特殊结构和性质的化合物。在无模板存在的情况下,各分子(原子)片段的连接有多种可能,而一旦加入某种模板,则会简化组分间的作用,得到单一的产物。本书概述了阳离子及中性分子控制下的合成与组装,并举例介绍了阴离子控制下的超分子自组装。

1.4.1 阳离子及中性分子控制下的合成与组装概述

最先得到应用的是以金属为中心的模板合成方法。通过金属中心的配位作用，人们可以将配体分子规则地排列，使其作为功能配合物或中间体应用于材料科学、医药科学和有机合成领域。早在 20 世纪 70 年代，化学家们在合成大环化合物时，包括冠醚、穴醚和氮杂环类化合物时充分利用了金属模板作用的优势。1985 年 Sauvage 利用 Cu^+ 配位的卟啉交叉结构成功合成了互锁的[2]索烃及分子扭结。此外，其他类型的分子器件和化合物比如轮烷、螺旋和分子笼的合成中，也使用了金属模板的方法。

1.4.2 阴离子模板合成与组装

相较于以阳离子和中性分子为模板的合成方法，阴离子模板合成研究较少。一个重要的原因是阴离子本身极化强、尺寸大、对酸碱敏感等性质。但是由于阴离子在环境科学、生命科学中体现出的重要性，对阴离子模板合成与组装的研究被逐渐提上日程，并得到化学家们的关注。本节将从阴离子控制超分子自组装的角度对其进行总结。与阳离子模板一样，阴离子模板合成的方法也应用于合成大环、螺旋、分子笼、轮烷/伪轮烷、索烃等结构。

1.4.2.1 阴离子控制合成大环

在 20 世纪就有许多科学家将阴离子用于合成含金属大环。1991 年，Hawthorne 等人报道了首例卤素模板合成的汞 – 碳硼烷大环，如图 1 – 9 所示。他们以二锂碳硼烷为起始反应物，在 Cl^- 存在的条件下，与 Hg^{2+} 反应，得到一个十二核的大环。该化合物的合成，充分体现了 Cl^- 的模板化作用，因为若改用 AcO^- 阴离子，则不能形成大环，而是会得到非环化的产物。

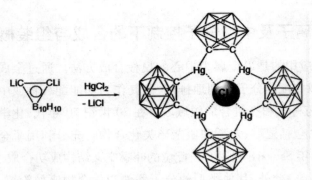

图 1-9　Cl^- 模板合成汞-碳硼烷大环

1996 年，Lehn 等人在 Cl^- 控制下定量合成了五核环状螺旋化合物。该化合物的直径超过 20 Å。当选用 Br^- 时，得到五核与六核产物的混合物。原因是，对于五核产物，其中心空腔半径为 1.75 Å，Cl^- 的大小为 1.80 Å，可以被很好地键合；加入大小为 1.95 Å 的 Br^-，使各组分必须改变排列，从而获得具有更大空腔的产物；当加入 SO_4^{2-} 时，可以定量得到六核环状螺旋化合物，如图 1-10 所示。该系列工作体现出引入阴离子的大小对配体分子的排列与组装有着重要影响，从而影响最终产物的结构和性质。

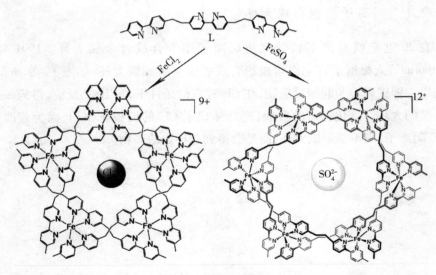

图 1-10　Lehn 等人报道的阴离子控制合成环状化合物

2005 年，Dunbar 等人报道了阴离子对二价镍或锌的金属大环化合物制备的影响。他们以 3,6 - 二吡啶修饰的四嗪为配体使之与二价金属镍盐反应，在 NO_3^- 存在的条件下，得到三核三角平面结构的小环化合物；在较大的四面体阴离子 ClO_4^- 或 BF_4^- 存在条件下，得到四金属的四方平面结构；当加入更大的八面体阴离子 SbF_6^- 时，会得到五元环结构，如图 1 - 11 所示。与此同时，向五元环化合物中加入过量的四面体阴离子也能得到四元环化合物，可见阴离子的尺寸决定了金属环的大小。

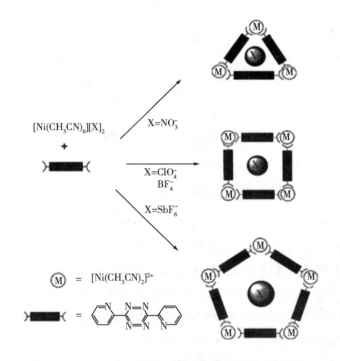

图 1 - 11 Dunbar 等人报道的阴离子控制平面结构

阴离子模板法除了应用于合成金属大环外，还应用于有机大环的合成中。这样的例子很多，这里只列举其中之一：2003 年，Wright 等人报道了合成的杂环胺类化合物，过量 Cl^-（LiCl）的引入抑制了四聚物的生成，从而获得大量的五聚物产物，如图 1 - 12 所示。对五聚物的结构表征证明，阴离子 Cl^- 以五条 N—H…Cl 式氢键被包夹在大环中间。这与金属离子控制合成冠醚环很相似。加

入 I^-（LiI）时也会产生大环五聚物，但由于 I^- 的尺寸比较大，I^- 偏离该化合物的平面 1.36 Å。此外笔者还通过量化计算方法发现 Cl^- 是最佳的模板剂。

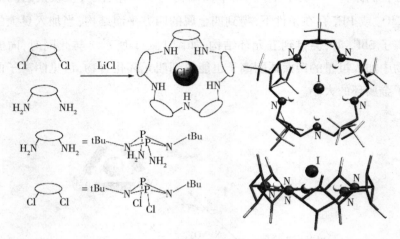

图 1-12 Wright 等人报道的 Cl^- 模板合成大环

1.4.2.2 阴离子控制螺旋结构的组装

螺旋结构是一种几何结构，在自然界中无处不在。许多生物体系中已经观察到了螺旋结构，例如：Pauling 提出了多肽的 α-螺旋结构，Watson 和 Crick 发现了 DNA 中用氢键连接起来的双螺旋链。螺旋结构也存在于非生物中，如现实生活中经常见到的右手螺旋或左手螺旋的石英。自然界的魅力促进了超分子化学和材料化学领域的科学家对螺旋结构的模仿，这些结构可以运用于许多领域：非对称的催化剂、非线性光学材料和螺旋化合物。

为了模拟这些生物大分子的结构与功能，研究者利用金属配位作用、氢键作用、π-π 堆积作用和盐桥效应等来合成螺旋形状的分子，这是近年来的一大研究热点。在螺旋结构制备的过程中，中心金属和配体的选择是至关重要的，配体的构型对螺旋结构的手性起着很重要的作用。除此之外，有时还要考虑合适的模板剂的引入以及反应条件。阳离子作为模板在合成中有着广泛的应用。

而阴离子由于自身的特征，在控制螺旋自组装过程方面鲜有报道。2004 年，Rice 等人还报道了通过阴离子控制配体的自识别从而进行三螺旋的自组装,如图 1-13 所示,首先发现当 8 与 $Co(ClO_4)_2$ 或 $Co(NO_3)_2$ 作用时,形成的三螺旋结构两端产生的空腔可以有效包夹阴离子,但尺寸问题使 NO_3^- 包夹得更紧密些。因此,其利用这一差异性把 8 和 9 这种带有不同末端配位基团的配体按1∶1的比例加入到高氯酸二价钴盐中,从复杂的核磁谱图中发现有四种螺旋物种存在,分别是 $[Co_2(L^1)_3]^{4+}$、$[Co_28_29]^{4+}$、$[Co_28_9_2]^{4+}$ 及 $[Co_2 9_3]^{4+}$,所得产物物种不单一,当向该混合物中加入硝酸钾时,由于 NO_3^- 的尺寸相对较小,能更深入两端的空腔中,氢键作用更强,所以目标产物单一,只有同配体的三螺旋结构($[Co_28_3]^{4+}$ 和 $[Co_29_3]^{4+}$)两个物种存在,可见配位能力的强弱可以影响最终产物的构型。

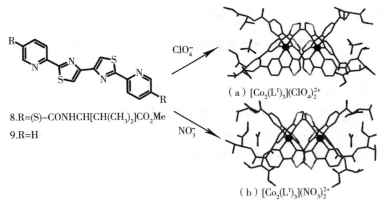

图 1-13 Rice 小组报道的 NO_3^- 阴离子控制配体自识别

2009 年,Fletcher 等人报道了 *fac* 和 *mer* 联吡啶钌配合物的产率受阴离子的调控。当末端的空腔被较大的四面体磷酸二氢根 $H_2PO_4^-$ 占据时,*fac* 的产物占主导;当相对小的球形阴离子 Cl^- 包夹末端的笼状空腔时,*mer* 产物占主导,如图 1-14 所示。

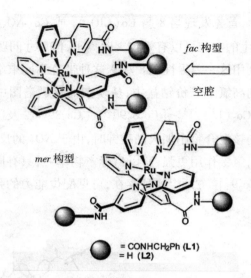

图 1-14 Fletcher 等人报道的阴离子控制 *fac* 或 *mer* 构型的产率

Steel 和 McMorran 报道了阴离子控制的四股螺旋结构,在 PF_6^- 存在条件下,配体与二价钯盐作用可以得到四股螺旋化合物,如图 1-15 所示。在该结构中,PF_6^- 通过与中心金属的路易斯酸碱作用,被包夹在空腔内。若不引入较大的阴离子,就不能得到这种四股螺旋结构。

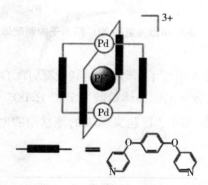

图 1-15 Steel 等人报道的 PF_6^- 控制合成的四股螺旋结构

蛋白质作为自然界中普遍存在的阴离子受体分子,通过非共价作用,其一级多肽链结构上发生折叠,形成有一定阴离子结合位点的空腔。这些空腔可实现对阴离子的包裹和分离,从而在细胞传输、信号响应、催化等方面发挥作用。Jeong 等人基于寡-吲哚类受体,在卤素、硫酸根等模板的驱动下,合成了多例有机分子折叠体,在阴离子配位、识别与传输等方面表现出优良的性质。最近,Wu 等人报道了氯离子控制的有机分子折叠体的形成,设计合成了一系列寡聚脲类配体与氯离子作用,根据配体脲基团数目的增加,实现由单核到双核的折叠,如图 1-16 所示。

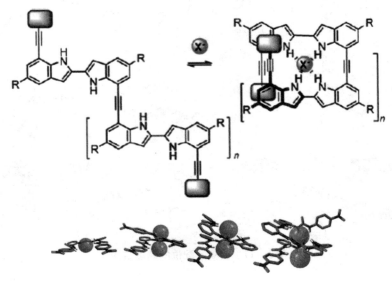

图 1-16　Jeong 和 Wu 等人报道的折叠体合成

但是相对于海量报道的金属螺旋化合物,阴离子螺旋的合成非常少见。到目前为止,文献报道的以阴离子为模板的螺旋结构只有四个例子:de Mendoza 等人研究的多胍基线性配体与硫酸根螺旋化合物;Kruger 等人报道的 Cl^- 配位的吡啶盐配体双螺旋结构;Gale 等人以 F^- 诱导合成的中性胺配体双螺旋结构;Maeda 等人报道的 Cl^- 诱导生成的寡吡咯配体螺旋结构,如图 1-17 所示。

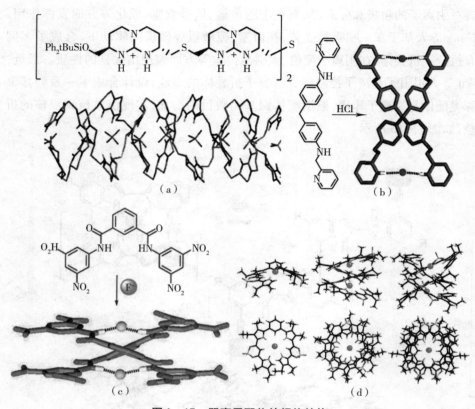

图 1-17 阴离子配位的螺旋结构

近几年,吴彪等人合成了大量的多脲配体,其中设计合成的 4,4′-双二苯基甲烷连接的桥联二脲配体与磷酸根阴离子配位可以形成三螺旋结构,如图 1-18 所示。该配合物的中心是一个芳香性的空腔,可通过阳离子-π相互作用将胆碱的三甲胺基团封装在空腔中,同时通过脲基团上的 O 原子和胆碱末端的—OH 形成 O—H⋯O 氢键,从而选择性识别胆碱。此外,通过 DFT 计算模拟优化出的双节点结合的模式与胆碱结合蛋白 ChoX⊃Ch$^+$ 的结构是非常类似的,这也是该三螺旋配合物对胆碱表现出高选择性的原因。同时,此配合物还可以通过荧光变化有效地区分胆碱、乙酰胆碱、L-肉毒碱和甜菜碱。

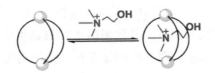

图1-18 三螺旋结构封装胆碱的示意图

1.4.2.3 阴离子控制笼状超分子自组装

分子笼的自组装一直是化学领域的研究热点。利用刚性、高定向性的多齿配体与金属作用可以得到各式各样高对称性的笼状和囊状配合物。笼状配合物自身具有的微环境使其在吸附、催化、分离以及主客体识别等方面的潜在应用受到广泛关注。在设计合成超分子主体时,首要任务是选择合适的配体及可作为节点的客体。除此之外,其他添加剂也会对目标产物的结构及性质有很大的影响,比如尺寸/形状合适的阴离子可通过直接配位、静电作用及氢键作用控制配合物的最终构型。因此,阴离子用于控制笼状超分子体系也有大量的报道。

1990年,McCleverty和Ward利用苯环桥联二吡唑-吡啶与Co^{2+}作用,在四面体阴离子BF_4^-或ClO_4^-存在的条件下,可以控制生成四面体笼状配合物,如图1-19所示。这是首次提出阴离子在四面体笼状配合物制备过程中的作用。

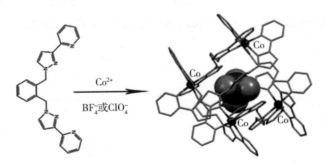

图1-19 四面体阴离子控制生成四面体笼状配合物

Vilar等人报道了一例受阴离子控制的可视化学传感器,其外观颜色的明显变化可以用于Cl^-的定量分析,其利用8倍当量的脒基硫脲与二价金属镍反应,

当有 Cl^- 存在时，Cl^- 通过静电作用、强的氢键作用与配体结合，生成深绿色的六核金属镍的笼状配合物，而引入其他阴离子时只是生成橘色的四方平面配合物，如图 1-20 所示。颜色上存在的明显差异受控于阴离子。

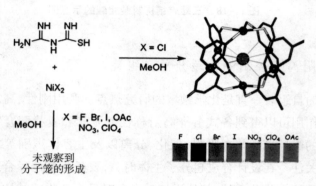

图 1-20　Vilar 等人报道 Cl^- 控制的可视化学传感器

Fujita 等人发现由苯基桥联的二吡啶配体与 $Pd(NO_3)_2$ 反应，在 BF_4^- 存在条件下生成四面体笼状配合物(a)，如图 1-21 所示，而在三氟甲磺酸阴离子($CF_3SO_3^-$)存在条件下得到具有双墙的三角平面结构(b)。当其采用更长的以联二苯为桥联基团的配体与 Pd^{2+} 反应时，在三角平面结构和四面体结构之间存在着动态平衡，NO_3^- 作为阴离子时，两种产物以 1∶1 比例(物质的量之比)共同存在，当引入三氟甲磺酸阴离子时，只生成平面结构，相反，加入对甲苯磺酸阴离子($p-CH_3-C_6H_4SO_3^-$)时，只有四面体结构 M_4L_8 存在，如图 1-21 所示。

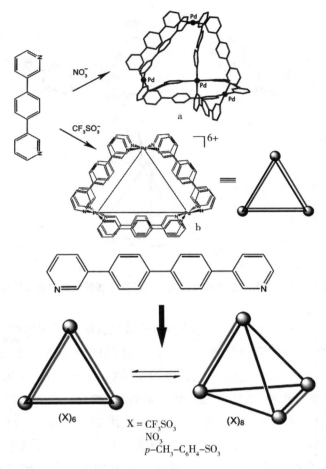

图 1-21 Fujita 等人报道的阴离子对平面结构与四面体结构间平衡的影响

Custelcean 等人设计合成了包含一个脲基团和两个 2, 2′-联吡啶的二配位基的配体(图 1-22)，该配体可以与金属离子 Ni^{2+} 和 Zn^{2+} 自组装形成四面体笼状配合物。这个四面体笼状配合物可以从水溶液中选择性封装含氧阴离子 EO_4^{n-}（$E = S, Se, Cr, Mo, W, P$；$n = 2, 3$）。位于笼子中心的阴离子通过十二条氢键与四面体笼位于棱上配体中的脲基团相互作用。客体阴离子的电荷、尺寸、水合能、碱性以及形成氢键受体的能力都影响了其封装的选择性，选择性由大到小顺序是：$PO_4^{3-} \gg CrO_4^{2-} > SO_4^{2-} > SeO_4^{2-} > MoO_4^{2-} > WO_4^{2-}$。

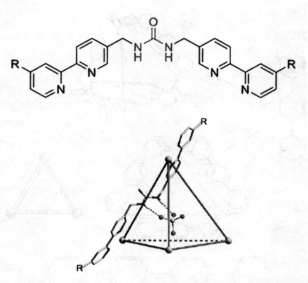

图1-22 阴离子配体的结构式和四面体笼状配合物的晶体结构

近期,吴彪等人设计合成了 C_3 对称的桥联二脲阴离子配体(图1-23),其和 PO_4^{3-} 自组装形成四面体阴离子笼。四面体的四个面由四个配体组成,而 PO_4^{3-} 则占据四面体的四个顶点。可以通过 C—X⋯π、C—H⋯π 相互作用力以及 C—H⋯X (X = F, Cl) 氢键作用封装一系列的(准)四面体的卤代烷烃,例如氟利昂 (CCl_3F, CCl_2F_2, $CHFCl_2$, $CClF_3$)和氯代烷烃 [CH_2Cl_2, $CHCl_3$, CCl_4, $C(CH_3)Cl_3$, $C(CH_3)_2Cl_2$, $C(CH_3)_3Cl$]。这是首例关于阴离子配位形成的四面体笼和主客体关系的研究。此外,该课题组还利用上述分子笼实现了对白磷(P_4)分子和黄砷(As_4)分子的封装。由于客体形状和尺寸的匹配,以及主客体间的 σ-π 和孤对电子-π 相互作用,该四面体阴离子笼可以封装和稳定四面体的 P_4 和 As_4。同时通过调节酸碱性以及客体分子交换可以实现对 P_4 和 As_4 的释放。这是首次成功实现通过四面体笼封装 As_4。

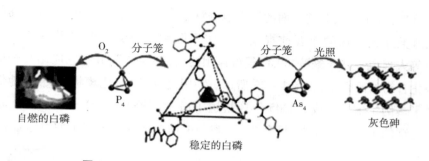

图 1-23　四面体阴离子笼封装 P_4 和 As_4 的示意图

1.4.2.4　阴离子控制互锁结构的合成

索烃、轮烷或伪轮烷等机械互锁结构也可以用阴离子控制的方法合成。Stoddart 和 Vögtle 于 20 世纪 90 年代末期首次报道了用阴离子控制合成轮烷和伪轮烷。Stoddart 将 4 倍当量的 $[NH_2(CH_2Ph)_2][PF_6]$ 与 1 倍冠醚衍生物混合后,有 $[PF_6]^-$ 存在时四股伪轮烷生成,中间的阴离子通过 CH⋯F 氢键参与作用,如图 1-24 所示。此外,Vögtle 还发现轮烷互锁结构的生成也可以由有机阴离子来控制。

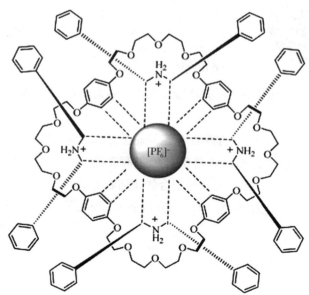

图 1-24　Stoddart 等人报道 $[PF_6]^-$ 控制四股伪轮烷的生成

最近，Beer 等人对这方面的研究也进行了大量的探索，取得了丰硕的成果。形成这类互锁结构的重要前提是首先实现两种组分的交织。例如，2001年，Beer 等人报道了基于酰胺与 Cl^- 氢键作用的"交织核心"，并把它应用在合成伪轮烷化合物的研究中，如图 1-25 所示。利用这一以 Cl^- 为模板的交织，他们还报道了多例轮烷的合成。2005 年还报道了卤素模板的[2]索烃合成。在格拉布催化剂的单环化反应中，只有在 Cl^- 参与的情况下，[2]索烃的收率才最高。

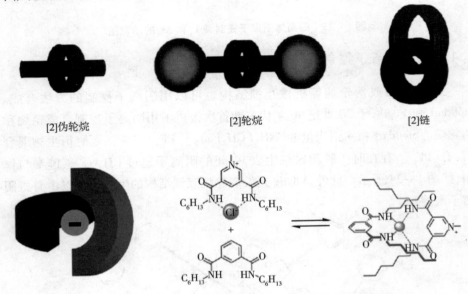

图 1-25　常见的机械互锁模式以及 Beer 等人使用的 Cl^- 模板交织

因此，通过自组装得到的带有空腔的超分子配合物，由于主体所具有的笼状框架，其中的空腔可以孤立于外部环境而存在于溶液中，因而会形成与溶剂完全不同的化学环境。这种超分子配合物中所存在的空腔也可以被称为"分子容器"。分子容器可以作为反应容器、分离容器、稳定容器等来使用，常应用于各个领域。

第2章 阴离子诱导咪唑桥联的二-联吡啶的三螺旋生成

2.1 引言

螺旋结构是自然界中最普遍的一种结构,DNA以及许多其他在生物细胞中发现的物质都采用了这种结构。螺旋结构在过去几十年里被广泛研究,在化学或者生物体系中都广泛存在螺旋结构的物质。例如,α-直链淀粉是一种具有螺旋结构的大分子,DNA以双螺旋结构存在,两条链之间通过互补碱基之间的氢键相连,它储存和传递基因组成,对生命活动至关重要。此外,肽可以采用α-螺旋结构形成更大的螺旋阵列,例如胶原蛋白的三重螺旋结构。许多螺旋结构都具有刺激响应特性。与肽α-螺旋结构类似的双螺旋结构,已经显示出潜在的化疗药物特性。

螺旋手性结构的特殊组成,使其在立体选择性催化反应、光学拆分、分子识别以及分子传感器等领域得到了广泛的应用,并且越来越为人们所关注。具有较复杂结构的生物分子的最简单模型——双核三螺旋[M_2L_3]化合物引起人们极大的兴趣。例如,双核红醇母酸的三螺旋铁配合物有助于我们了解血细胞如何控制生命体中铁含量,以避免铁中毒。另外,这些体系可以模拟细菌进行光合成及呼吸作用,也可为以金属为节点而构筑的超分子化学结构、功能及手性控制提供重要信息。由此还可以拓展到与合成相关的拓扑结构,包括二维的砖墙、梯子、网格、套索及节点结构,与此同时还可引入铁磁、电光等性质而发展功能材料。

近年来,各种各样的配体,包括双联吡啶、邻二酚、苯并咪唑以及亚甲基桥联双吡唑用于构筑双核三螺旋[M_2L_3]化合物。金属的六配位结构使金属中心具有手性,当使用非手性配体时,双核三螺旋化合物可以表现出三种立体构型

ΔΔ、ΛΛ、ΔΛ，分为手性螺旋（ΔΔ或ΛΛ）和非手性螺旋（ΔΛ）。在非手性结构报道之初，研究者就开始致力于通过三螺旋化合物的自组装来控制合成及分离手性结构和非手性结构。例如，Raymond 首先发现这两种化合物在溶液中存在动态平衡。随后 Albrecht 提出了一个经验规则——奇偶规则，他认为桥联基团在形成手性结构及非手性结构过程中起着重要作用。最近，Dolphin 等人利用含有单个 CH_2 桥联基团的双吡唑配体成功合成并分离出两种结构。然而控制合成这两种异构体仍存在巨大挑战。

通过阳离子模板（如 Li^+，Na^+，K^+）法合成双螺旋结构已有大量报道。尽管阴离子化学在过去的二十年间得到广泛的研究，但通过阴离子控制合成三螺旋异构体还鲜有报道。Kruger 等人发现使用相对较小的阴离子 Cl^- 可以选择性地生成手性的三螺旋结构。此外，Rice 等人报道了在用不对称手性配体构筑 $[Co_2L_3]^{4+}$ 三螺旋结构时，平面结构的 NO_3^- 可以生成 C_3 HHH（head–to–head–to–head）异构体，而较大四面体结构的 ClO_4^- 得不到单一构型的配合物。在金属超分子化学结构的研究中，阴离子可以诱导生成种类繁多的结构类型，例如五核环状双螺旋结构、汞-碳硼烷大环、分子方，四面体笼状及索烃结构。根据以上结果，阴离子模板法控制选择性合成三螺旋金属手性结构（通过合适的阴离子键合到配体）是可以实现的。此外，笼状配合物中引入带正电荷的空腔可以有效包夹阴离子，这类配合物还可以作为阴离子受体用于主客体化学的研究及阴离子识别。

在本书中，笔者设计合成了多结合点的配体 LBr，通过咪唑桥联两个 2,2′-联吡啶，2,2′-联吡啶可与金属配位，而中心基团咪唑可通过静电作用与阴离子结合。笔者所在实验室以前也报道了一系列含有金属的阴离子受体。本书着重研究联吡啶咪唑配体与二价金属通过自组装生成三螺旋 helicate 和 mesocate。笔者发现在利用同一个配体和同种金属的自组装过程中，可以通过调节阴离子的尺寸和形状选择性结晶出 helicate 的阴离子配合物或者得到 mesocate，小阴离子如 Br^- 和 NO_3^- 倾向于诱导生成 helicate 型结构，大的四面体阴离子如 BF_4^-，ClO_4^- 和 SO_4^{2-} 利于得到异构体 mesocate。阴离子形状/尺寸不同使配体构型发生改变，这是两种异构体选择性结晶的动力所在。此外，笔者还发现笼状双核复合物可以作为阴离子受体选择性结合 BF_4^- 三螺旋结构，设计思路如图 2-1 所示。

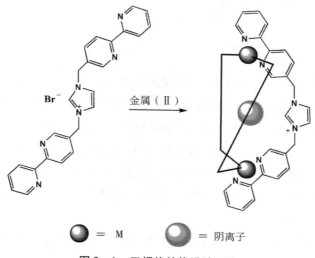

图 2-1 三螺旋结构设计思路

2.2 实验部分

2.2.1 药品和测试仪器

咪唑、2-乙酰基吡啶、吡啶、碘、甲基丙烯醛、甲酰胺、醋酸铵、NBS、AIBN、四氯化碳、乙腈、二氯甲烷、乙醚,以及其他溶剂及化合物都是分析纯,商业途径购买,并直接使用。^{1}H-NMR 和 ^{13}C-NMR 谱图由 Varian Mercury plus-400 核磁共振波谱仪检测,分辨率分别为 400 MHz 和 100 MHz,并以 TMS 为内标。所有 ^{1}H-NMR、^{13}C-NMR 除特殊注明外,都是在 $CD_3CN/H_2O = 8:1$ 的环境下进行的。元素分析数据由 Elemental Vario EL 元素分析仪测得。IR 光谱由 Bruker IFS 120HR 傅里叶变换红外光谱仪测得。熔点由 X-4 数字显微熔点仪测得。

2.2.2 实验基本操作

2.2.2.1 单晶结构解析

配体及配合物 1~4 和 6 的 X 射线衍射数据在 Bruker SMART APEX Ⅱ 单晶 X 射线衍射仪上完成。用经过石墨单色器单色化的 Mo-Kα 射线 ($\lambda = 0.71073$ Å),在 293 K 下以 $\omega - 2\theta$ 扫描方式收集衍射数据。运用 SADABS 程序进行经验吸收校正。应用 SHELXS 程序的直接法解析结构。所有非氢原子采用 SHELXL 程序全矩阵最小二乘法进行各向异性精修,与其相连接的氢原子都由理论加氢程序找出(热参数当量 1.2 倍于与其连接的母体非氢原子)。晶体数据结构如下:

LBr:$C_{25}H_{21}BrN_6$(485.39),白色块状,单斜晶系,空间群为 $P2(1)/c$, $a = 8.8357(11)$ Å, $b = 13.0305(17)$ Å, $c = 19.233(2)$ Å, $\beta = 101.492(2)°$, $V = 101.492(2)$ Å^3, $T = 153(2)$ K, $Z = 4$, $D_c = 1.486$ g·cm^{-3}, $F(000) = 992$, $\mu = 1.92$ mm^{-1}, 13887 refl. collected, 3817 unique ($R_{int} = 0.0289$), 3037 observed [$I > 2\sigma(I)$]; final $R_1 = 0.041$, $wR_2 = 0.12$ [$I > 2\sigma(I)$]。

[Fe$_2$(L1)$_3$(BF$_4$)](BF$_4$)$_6$·6CH$_3$CN (1):$C_{81}H_{72}B_7F_{28}Fe_2N_{21}$(2058.97),红色块状,立方晶系,空间群为 $R3$, $a = 20.542(2)$ Å, $b = 20.542(2)$ Å, $c = 17.928(2)$ Å, $\alpha = \beta = 90°$, $\gamma = 120°$, $V = 6551.6(13)$ Å^3, $T = 153(2)$ K, $Z = 3$, $D_c = 1.566$ g·cm^{-3}, $F(000) = 3132$, $\mu = 0.45$ mm^{-1}, 15403 refl. collected, 5944 unique ($R_{int} = 0.029$), 5269 observed [$I > 2\sigma(I)$]; final $R_1 = 0.046$, $wR_2 = 0.14$ [$I > 2\sigma(I)$]。

[Fe$_2$(L1)$_3$(ClO$_4$)](ClO$_4$)$_6$·3CH$_3$CN (2):$C_{81}H_{72}Cl_7Fe_2N_{21}O_{28}$(2147.45),红色块状,立方晶系,空间群为 $R3$, $a = 20.675(4)$ Å, $b = 20.675(4)$ Å, $c = 17.902(4)$ Å, $\alpha = \beta = 90°$, $\gamma = 120°$, $V = 6627(13)$ Å^3, $T = 153(2)$ K, $Z = 3$, $D_c = 1.614$ g·cm^{-3}, $F(000) = 3132$, $\mu = 0.64$ mm^{-1}, 13777 refl. collected, 5165 unique ($R_{int} = 0.056$), 3967 observed [$I > 2\sigma(I)$]; final $R_1 = 0.059$, $wR_2 = 0.15$ [$I > 2\sigma(I)$]。

[Fe$_2$(L1)$_3$(SO$_4$)]$_2$(SO$_4$)$_5$·3CH$_3$CN (3):$C_{81}H_{72}Fe_2N_{21}O_{22}S_7$(2027.72),红色块状,立方晶系,空间群为 $R3$, $a = 20.526(6)$ Å, $b = 20.526(6)$ Å, $c = $

17.924(5) Å, $\alpha = \beta = 90°$, $\gamma = 120°$, $V = 6540(3)$ Å^3, $T = 153(2)$ K, $Z = 3$, $D_c = 1.545$ g·cm^{-3}, $F(000) = 3135$, $\mu = 0.59$ mm^{-1}, 12427 refl. collected, 6496 unique ($R_{int} = 0.056$), 4629 observed [$I > 2\sigma(I)$]; final $R_1 = 0.085$, $wR_2 = 0.246$ [$I > 2\sigma(I)$]。

[Fe$_2$(L1)$_3$(Br)](BPh$_4$)$_6$·6CH$_3$CN (4): C$_{231}$H$_{201}$B$_6$BrFe$_2$N$_{24}$ (3569.63), 红色块状,立方晶系,空间群为 $R3$, $a = 26.490(5)$ Å, $b = 26.490(5)$ Å, $c = 23.483(4)$ Å, $\alpha = \beta = 90°$, $\gamma = 120°$, $V = 14271(4)$ Å^3, $T = 153(2)$ K, $Z = 3$, $D_c = 1.246$ g·cm^{-3}, $F(000) = 5616$, $\mu = 0.43$ mm^{-1}, 31011 refl. collected, 11121 unique ($R_{int} = 0.073$), 7049 observed [$I > 2\sigma(I)$]; final $R_1 = 0.055$, $wR_2 = 0.16$ [$I > 2\sigma(I)$]。

[Cu$_2$(L1)$_3$(NO$_3$)](NO$_3$)$_6$ (6): C$_{75}$H$_{63}$Cu$_2$N$_{21}$O$_{11}$ (1561.57), 蓝色块状,立方晶系,空间群为 $R3$, $a = 13.563(12)$ Å, $b = 13.563(12)$ Å, $c = 42.74(4)$ Å, $\alpha = \beta = 90°$, $\gamma = 120°$, $V = 6809(10)$ Å^3, $T = 153(2)$ K, $Z = 3$, $D_c = 1.142$ g·cm^{-3}, $F(000) = 2418$, $\mu = 0.53$ mm^{-1}, 15111 refl. collected, 5259 unique ($R_{int} = 0.049$), 2903 observed [$I > 2\sigma(I)$]; final $R_1 = 0.055$, $wR_2 = 0.15$ [$I > 2\sigma(I)$]。

2.2.2.2 高分辨质谱实验操作

化合物 1~6 的 ESI-MS 质谱实验数据在 Waters ZQ4000 仪器上操作完成,水作为溶剂,使用 Bruker micrOTOF-Q 的正离子分析模式。Agilent ES 用来调节毛细管溶液相的混合相,流动相速率 100 mL·min^{-1} 到 3000 mL·min^{-1}。溶液用乙腈和水以 60:1 的比例调节,样品 1,2,4,5,6 和 7 溶于乙腈,配制成浓度为 10^{-5} mol·L^{-1} 的溶液,样品 3 溶于水/乙腈(体积比为 4:1)中,以 180 μL/h 的速率注入 MS 仪器,干燥器的温度为 30 ℃,毛细管柱端电压为 4500 V,转化时间为 100.0 μs,弛豫时间为 10.0 μs,每个图谱累积 2 min。

2.2.3 配体及配合物的合成与表征

2.2.3.1 配体的合成及表征

(1) 5-甲基联吡啶的制备

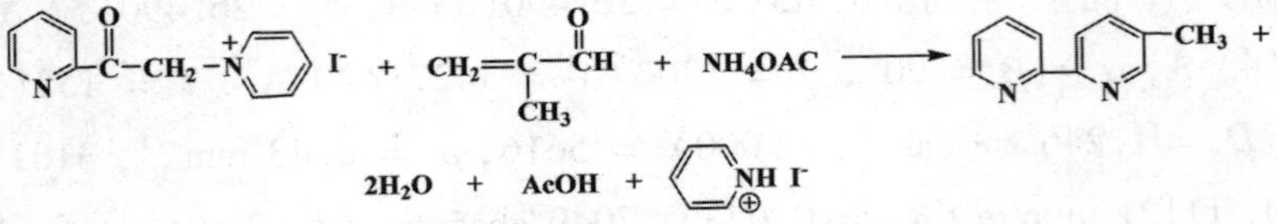

将 1-(2-乙酰吡啶)-吡啶氢碘酸盐和醋酸铵加入到两口圆底烧瓶中，抽真空，充氮气。然后将溶剂甲酰胺 60 mL(蒸馏)加入到反应瓶中，开始搅拌，固体溶解，为橙红色。然后再将甲基丙烯醛加入到反应瓶中，反应液颜色变为红棕色。升高反应温度到 80 ℃，在此温度下反应 6 h(随着反应的进行，颜色恢复为橙红色)，再在室温下反应 14 h，然后向反应液中加入少量的水(水和甲酰胺互溶)。首先采用乙醚萃取产物 3 次，得到上层浅红色乙醚溶液(乙醚微溶于水)，下层为橙红色溶液，然后采用蒸馏水萃取乙醚层 2 次。再用二氯甲烷萃取下层橙红色溶液 4 次，得到上层橙红色溶液(仍然有颜色，但薄层层析表明已萃取完全，展开剂为丙酮∶正己烷 = 1∶9(体积比)时，R_f = 1/2 处无物质)，下层为浅黄色二氯甲烷溶液，并同时采用蒸馏水萃取二氯甲烷层 3 次。合并乙醚和二氯甲烷有机相，用无水硫酸镁干燥，过夜，过滤，旋蒸除掉溶剂，得到含少量白色固体和红棕色油状物的 5-甲基联吡啶混合物，产物为 2.10 g，产率为 62%。

(2) 5-溴甲基联吡啶的制备

将 5-甲基联吡啶(2.60 g, 15.3 mmol)，N-溴代丁二酰亚胺(NBS, 2.80 g, 15.8 mmol)及偶氮二异丁腈(AIBN, 44.0 mg)加入到两口圆底烧瓶中，抽真空，充氮气。然后将溶剂 CCl_4 80 mL(蒸馏)加入到反应瓶中，开始搅拌，将温度保持在 80 ℃加热回流 4 h，固体逐渐溶解，为淡黄色。待反应完全后，过滤，浓缩，将浓缩液加入到冷的正己烷中搅拌 2 h，析出大量白色固体粉末，过滤，干燥，得到产物 1.90 g，产率为 50%，熔点为 70~72 ℃。

(3) N,N'-二[5-甲基(2,2'-联吡啶)]咪唑溴盐(LBr)的制备

氮气保护，将 5-溴甲基联吡啶(1.94 g, 10.0 mmol)和咪唑(1.00 g,

4.00 mmol)加入到100 mL两口圆底烧瓶中,再加入50 mL干燥的乙腈,加热回流48 h。反应完全后,冷却,浓缩。向该浓缩液中加入少量的二氯甲烷,析出黄色沉淀,用水重结晶得白色固体粉末(1.18 g,51%),熔点为209~212 ℃。^{1}H-NMR(DMSO-d_6,400 MHz):δ = 9.52 (s,1H,CH$^+$),8.82 (br. s,2H,H6′),8.71(d,J = 4.0 Hz,2H,H6),8.46~8.39 (m,4H,重叠H3和H3′),8.06~7.98 (m,4H,重叠H4′和H4),7.96 (s,2H,NCHCHN),7.51~7.48(m,2H,H5′),5.59 (s,4H,CH$_2$)。ESI-MS:m/z = 405.2 [M-Br]$^+$(理论计算值)。

2.2.3.2 配合物的合成与表征

合成配合物[Fe$_2$(L1)$_3$(BF$_4$)](BF$_4$)$_6$(1),[Fe$_2$(L1)$_3$(ClO$_4$)](ClO$_4$)$_6$(2),[Fe$_2$(L1)$_3$(SO$_4$)]$_2$(SO$_4$)$_5$(3),[Fe$_2$(L1)$_3$(Br)](BPh$_4$)$_6$(4)。

具体实验步骤:向含有LBr (100 mg,0.206 mmol)的2 mL水溶液中滴加FeBr$_2$·6H$_2$O (44.5 mg,0.137 mmol)的水溶液。溶液颜色立即由原来的无色变为红色,在室温条件下搅拌30 min后加入10倍量的NaX[X = BF$_4^-$(1),ClO$_4^-$(2),SO$_4^{2-}$(3)和BPh$_4^-$(4)]水溶液。有深红色沉淀析出,过滤,分别用水、乙醇、乙醚洗涤,干燥。

[Fe$_2$(L1)$_3$(BF$_4$)](BF$_4$)$_6$(1):118 mg,89%。[Fe$_2$(L1)$_3$(BF$_4$)]-(BF$_4$)$_6$·4H$_2$O (C$_{75}$H$_{71}$B$_7$F$_{28}$Fe$_2$N$_{18}$O$_4$)理论计算:C,44.87%;H,3.56%;N,12.56%。实测值:C,44.80%;H,3.42%;N,12.86%。FTIR (KBr,ν/cm^{-1}):3164w,3115w,1612m,1563m,1474m,1440m,1405w,1165m,1064s (br.,BF$_4^-$),846w,762m,521w。^{1}H-NMR (CD$_3$CN/H$_2$O,体积比8:1,400 MHz):δ = 8.64~8.56 (m,4H,bpy-3′和3),8.32 (s,1H,CH$^+$),8.18~8.04 (m,6H,bpy-4,4′和6′),7.42~7.32 (m,2H,bpy-5′),7.20~7.17 (m,2H,bpy-6′),6.96 (s,1H,NCHCHN),6.86 (s,1H,NCHCHN),5.46 (d,J = 16 Hz,1H,CH$_2$),5.23~5.17 (m,2H,CH$_2$),4.92 (d,J = 16 Hz,1H,CH$_2$)。^{13}C-NMR (CD$_3$CN/H$_2$O,体积比8:1,100 MHz):δ = 160.8 (CH$^+$),159.8,159.7,159.2,158.9,158.0,154.8,154.7,152.4(NCHCHN),141.5 (NCHCHN),140.6,139.9,139.7,137.5,133.5,131.4,128.6,128.2,125.7,125.4,124.0,123.8,122.2,50.9 (CH$_2$),

49.6 (CH_2)。ESI-MS：m/z = 881.2 $[Fe_2(L1)_3(BF_4)_5]^{2+}$。

$[Fe_2(L1)_3(ClO_4)](ClO_4)_6$ (2)：125 mg，90%。$[Fe_2(L1)_3(ClO_4)]$-$(ClO_4)_6$ ($C_{75}H_{63}Cl_7Fe_2N_{18}O_{28}$) 理论计算值：C，44.50%；H，3.14%；N，12.45%。实测值：C，44.86%；H，3.10%；N，12.70%。FTIR（KBr，ν/cm^{-1}）：3110w，3094w，1608w，1560w，1464m，1438m，1162m，1083s (br.) (ClO_4^-)，753m，615s。^1H-NMR（CD_3CN/H_2O，体积比 8∶1，400 MHz，ppm）：δ = 8.61~8.57 (m，2H，bpy-3')，8.01 (s，1H，CH^+)，8.25~8.23 (m，2H，bpy-3)，8.14~8.10 (m，2H，bpy-4)，7.97 (s，1H，NCHCHN)，7.88 (s，2H，bpy-6)，7.87 (s，1H，NCHCHN)，7.57~7.54 (m，2H，bpy-4')，7.36 (dd，J = 4.8 和 8.0 Hz，2H，bpy-6')，7.26 (dd，J = 4.8 和 8.0 Hz，2H，bpy-5')，5.53 (s，1H，CH_2)，5.34~5.25 (m，2H，CH_2)，5.12 (s，1H，CH_2)。^{13}C-NMR（CD_3CN/H_2O，体积比 8∶1，100 MHz）：δ = 163.4 (CH^+)，158.3，158.2，153.7，148.2 (NCHCHN)，147.7 (NCHCHN)，141.7，141.6，138.7，137.4，137.2，127.6，127.5，127.4，127.3，127.2，124.4，124.3，123.7，123.6，123.1，118.1，118.0，49.2 (CH_2)，49.1 (CH_2)。ESI-MS：m/z = 912.1 $[Fe_2(L1)_3(ClO_4)_5]^{2+}$。

$[Fe_2(L1)_3(SO_4)]_2(SO_4)_5$ (3)：102 mg，89%。$[Fe_2(L1)_3(SO_4)]_2$-$(SO_4)_5$ ($C_{150}H_{126}Fe_4N_{36}O_{28}S_7$) 理论计算值：C，54.12%；H，3.82%；N，15.15%。实测值：C，54.46%；H，3.48%；N，15.12%。FTIR（KBr，ν/cm^{-1}）：3045w，2974w，1629m，1604m，1559m，1468m，1438m，1412m，1156m，1115m (SO_4^{2-})，767m。^1H-NMR（CD_3CN/H_2O，体积比 = 4∶1，400 MHz，ppm）：δ = 8.97 (s，1H，CH^+)，8.64~8.62 (m，4H，bpy-3'和3)，8.15~8.08 (m，6H，bpy-4，4'和6)，7.88 (s，1H，NCHCHN)，7.72 (s，1H，NCHCHN)，7.42~7.32 (m，2H，bpy-5')，7.22~7.21 (m，2H，bpy-6')，5.45 (s，1H，CH_2)，5.32~5.16 (m，2H，CH_2)，5.05 ppm (s，1H，CH_2)。^{13}C-NMR 及三螺旋物种的质谱数据由于溶解性的问题而未给出（小于 10^{-4} mol·L^{-1} 表现为分解片段）。

$[Fe_2(L1)_3(Br)](BPh_4)_6$ (4)：112 mg，88%。$[Fe_2(L1)_3(Br)](BPh_4)_6$-($C_{219}H_{183}B_6BrFe_2N_{18}$) 理论计算值：C，79.15%；H，5.55%；N，7.59%。实测值：C，78.71%；H，5.22%；N，7.66%。FTIR（KBr，ν/cm^{-1}）：3050w，

2958w, 2923w, 1661m, 1599m, 1558m, 1466m, 1436m, 1400m, 1242m, 1155m, 1088m, 736m, 700m, 603m。^{1}H-NMR（CD_3CN/H_2O，体积比 4:1, 400 MHz, ppm）：δ = 10.3 (s, 1H, CH^+), 8.61~8.57 (m, 2H, bpy-3′), 8.45~8.36 (m, 2H, bpy-3), 8.11~8.04 (m, 2H, bpy-4′), 7.86 (s, 2H, NCHCHN), 7.74 (m, 4H, BPh_4), 7.63~7.58 (m, 2H, bpy-4), 7.45~7.42 (m, 2H, bpy-6), 7.36~7.32 (m, 2H, bpy-5′), 7.23 (s, 8H, BPh_4), 7.19~7.15 (m, 2H, bpy-6′), 6.92 (s, 8H, BPh_4), 4.68~4.61 (m, 4H, CH_2)。^{13}C-NMR（CD_3CN/H_2O，体积比 8:1, 100 MHz）：δ = 164.2 (CH^+), 163.7, 163.2, 162.7, 156.5 (NCHCHN), 153.5, 135.3, 129.2, 128.6, 127.3, 127.1, 126.5, 125.4, 121.6, 119.2, 114.9, 35.7 (CH_2)。ESI-MS：m/z = 1342.5 $[Fe_2(L1)_3(Br)(BPh_4)_4]^{2+}$。

$[Fe_2(L1)_3(NO_3)](NO_3)_6$ (5)：在铁粉过量条件下，向含有 LBr (100 mg, 0.206 mmol) 的 2 mL 水溶液中滴加 $Fe(NO_3)_3·9H_2O$ (55.4 mg, 0.137 mmol) 的甲醇溶液，颜色立即变为红色。在室温条件下搅拌 30 min 后，过硅藻土除去铁粉。滤液浓缩到 4 mL，向其中慢慢扩散乙醚，得到紫红色沉淀 92 mg, 70%。$[Fe_2(L1)_3(NO_3)](NO_3)_6·H_2O$ ($C_{75}H_{65}Fe_2N_{25}O_{22}$) 理论计算值：C, 50.22%; H, 3.76%; N, 14.84%。实测值：C, 50.56%; H, 4.08%; N, 14.99%。FTIR (KBr, ν/cm^{-1})：3050w, 2853w, 1637w, 1606w, 1561m, 1468m, 1438m, 1383s (NO_3^-), 1161m, 766m。^{1}H-NMR（CD_3CN/H_2O，体积比 8:1, 400 MHz, ppm）：δ = 9.95 (s, 1H, CH^+), 8.62~8.52 (m, 4H, bpy-3′ 和 3), 8.15~8.06 (m, 2H, bpy-4′), 7.96~7.94 (dd, J = 1.6 和 8.0 Hz, 2H, bpy-4), 7.85 (d, J = 1.6 Hz, 2H, bpy-6), 7.69 (s, 2H, NCHCHN), 7.37~7.34 (m, 2H, bpy-5′), 7.22~7.15 (dd, J = 1.6 和 8.0 Hz, 2H, bpy-6′), 5.27~5.14 (m, 4H, CH_2)。^{13}C-NMR（CD_3CN/H_2O，体积比 8:1, 100 MHz）：δ = 159.5 (CH^+), 158.4, 153.7, 153.3 (NCHCHN), 139.0, 138.8, 138.0, 134.1, 127.6, 124.5, 123.9, 123.3, 49.2 (CH_2)。ESI-MS：m/z = 836.6 $[Fe_2(L1)_3(NO_3)_3Br_2]^{2+}$, 846.1 $[Fe_2(L1)_3(NO_3)_2Br_3]^{2+}$, 854.5 $[Fe_2(L1)_3(NO_3)Br_4]^{2+}$。

$[Cu_2(L1)_3(NO_3)](NO_3)_6$ (6)：向含有 LBr (100 mg, 0.206 mmol) 的 2 mL 水溶液中滴加 $Cu(NO_3)_2·3H_2O$ (33.2 mg, 0.137 mmol)。溶液颜色立即由原

来的无色变为蓝色,在室温条件下搅拌 30 min 后有蓝色沉淀析出,过滤,分别用水、乙醇、乙醚洗涤,干燥。获得产物 112 mg,产率 88%。$[Cu_2(L1)_3(NO_3)]\cdot(NO_3)_6(C_{75}H_{63}Cu_2N_{25}O_{21})$ 理论计算值:C,50.68%;H,3.57%;N,19.70%。实测值:C,50.74%;H,3.87%;N,19.31%。FTIR(KBr,ν/cm^{-1}):3050w,2924w,1605w,1563w,1503w,1473w,1440w,1383s(NO_3^-),1162w,1052w,759w,670w。质谱数据表现为三螺旋物种在溶液中分解为双螺旋或更复杂的物种。ESI - MS:m/z = 1328.1 $[Cu_2(L1)_2(NO_3)_5(CH_3CN)_2]^+$。

2.2.4 $[Fe_2L_3(BF_4)](BF_4)_6$ 竞争性结晶实验

向 2 mL 的 LBr(100 mg,0.206 mmol)悬浮液中,逐滴加入 $FeBr_2\cdot 6H_2O$(44.5 mg,0.137 mmol)水溶液。在室温下将所得深紫色混合物搅拌 30 min,然后将其加到含有 2.5 倍当量 $NaBF_4$(56.5 mg,0.515 mmol)、$NaClO_4$(72.3 mg,0.515 mmol)、Na_2SO_4(73.2 mg,0.515 mmol)、$NaH_2PO_4\cdot 2H_2O$(80.3 mg,0.515 mmol)、$NaOAc\cdot 3H_2O$(42.3 mg,0.515 mmol)、$NaNO_3$(43.8 mg,0.515 mmol)、Na_2CO_3(54.6 mg,0.515 mmol)、$NaI\cdot 2H_2O$(95.8 mg,0.515 mmol)和 NaCl(30.1 mg,0.515 mmol)的水溶液(10 mL)中。将混合物回流 30 min。过滤出深紫色沉淀,用乙醇和乙醚洗涤并在室温下干燥。一周后,在室温下将乙醚缓慢扩散到混合物的乙醇溶液中,获得红色晶体(104 mg,78%)。$[Fe_2L_3(BF_4)](BF_4)_6\cdot 4H_2O$ 理论计算值:C,44.87%;H,3.56%;N,12.56%。实测值:C,44.80%;H,3.42%;N,13.41%。FTIR(KBr,ν/cm^{-1}):3159w,3104w,1602m,1560m,1469m,1438m,1402m,1341w,1166m,1066s(br.,BF_4^-),839m,754m,614s。

2.2.5 重量法对四氟硼酸盐萃取效率的评价

根据竞争性结晶实验,在 25 mL 烧杯中,将 10 mL $FeBr_2\cdot 6H_2O$ 水溶液按 2∶3 的比例滴入 10 mL $LBr-CH_3CN$ 溶液中,室温下搅拌 30 min。然后在上述紫色溶液中加入 2.5 倍当量的 $NaBF_4$ 和其他阴离子,将所得混合物回流 30 min。进行 3 次平行实验,室温下让溶剂缓慢蒸发。然后在离心分离(12000 r·min^{-1},10 min)和真空干燥后测量红色晶体的质量。在相同的竞争性结晶实验条件下,将"纯"$NaBF_4$ 直接加入到 LBr 和 $FeBr_2\cdot 6H_2O$ 之间的紫色溶液中进行对比实验。

2.3 结果与讨论

2.3.1 配体合成及固态结构研究

按照参考文献[107]方法合成配体,合成路线如图2-2所示,在氮气保护下,5-溴甲基-2,2′-联吡啶与咪唑(2.5∶1)反应得到白色的配体LBr,产率51%。该配体可溶于H_2O、DMSO、DMF、甲醇和乙腈,微溶于乙醇和二氯甲烷。溴离子盐通过乙醚缓慢扩散到其甲醇溶液中,得到无色块状晶体[$P2(1)/c$],如图2-3所示,配体结构中显示两端联吡啶通过两个亚甲基与中心的咪唑连接,且咪唑与亚甲基共平面。配体分子呈"S"构型,连接基团的键角C_{bipy}—C_{CH_2}—N_{imd}分别为112.2°,117.1°,咪唑C—N的平均键长为1.326 Å。

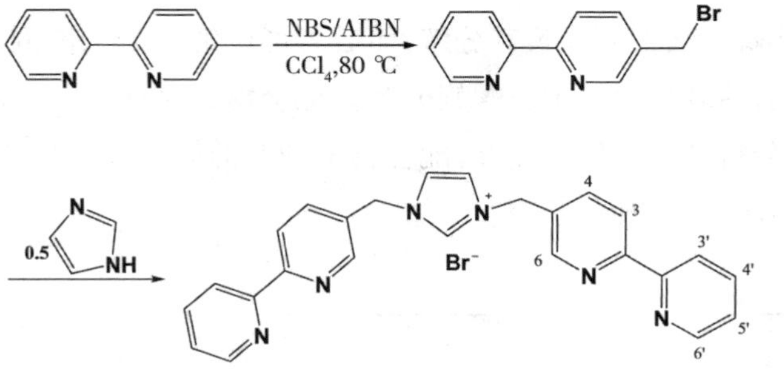

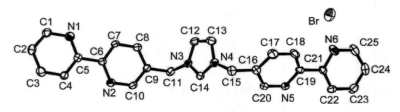

图2-2 L1配体溴盐合成路线图

图2-3 配体L1分子结构示意图

2.3.2 配合物的合成

配体LBr与$FeBr_2·6H_2O$在水溶液中以3∶2比例进行反应,反应完后加入

过量的 $NaBF_4$ 饱和水溶液,得到配合物 $[Fe_2(L1)_3 \supset (BF_4)](BF_4)_6$ (1)的沉淀。用相同的方法分别加入 $NaClO_4$、Na_2SO_4 或 $NaBPh_4$,依次得到配合物 $[Fe_2(L1)_3 \supset (ClO_4)](ClO_4)_6$ (2),$[Fe_2(L1)_3 \supset (SO_4)]_2(SO_4)_5$ (3) 和 $[Fe_2(L1)_3 \supset (Br)](BPh_4)_6$ (4)。值得关注的是:在配合物 4 中包夹的阴离子是 Br^- 而非 BPh_4^- 阴离子,这与其他配合物不同。包夹 NO_3^- 的配合物 $[Fe_2(L1)_3 \supset (NO_3)](NO_3)_6$ (5)在过量铁粉中加入 LBr 和三价的硝酸铁而制备得到,配合物 $[Cu_2(L1)_3 \supset (NO_3)](NO_3)_6$ (6)直接通过 LBr 与二价的硝酸铜反应而得到。这些双核配合物均通过元素分析、红外和单晶衍射等表征。元素分析的结果与双核的 $[M_2(L1)_3]^{7+}$ 分子式一致(图 2-1),而且证明没有其他比例的配合物生成。这些配合物微溶于水、甲醇和乙腈,在强极性溶剂如 DMSO、DMF 中发生分解。ESI-MS 结果表明配合物 1,2,4 和 5 在溶液中存在三螺旋物种 $[M_2(L1)_3X_5]^{2+}$ (X = 阴离子)(图 2-4 及实验部分),配合物 3 和 6 中只有 $[M_2(L1)_2]$ 碎片峰,前者可能是溶解度太低而导致其分解,而后者可以解释为二价铜更易于四配位而形成双螺旋,使其在溶液中三螺旋分解。配合物 5 表现出空腔内离子间的交换,这与元素分析结果一致。此外,配合物 1 和 5 的结构表现出两种构型,因此可作为典型而用于 NMR 的研究。

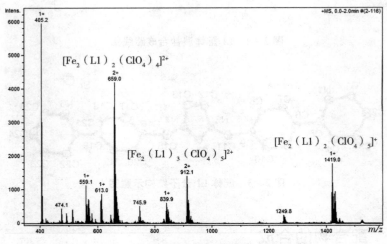

图 2-4　$[M_2(L1)_3X]X_6$ 配合物的高分辨质谱之一

2.3.3 配合物 1~4 和 6 的固态结构研究

配合物 1~4 和 6 的晶体结构及配位模式很类似。深红色的 1~4 及蓝色的 6 晶体是在几周后的室温条件下通过乙醚缓慢扩散到相应的溶液中而得到的。所有配合物配体与金属的比例为 3:2,并且所有的晶体均表现出相同的特性及外观。所有配合物都结晶为 $R3$ 空间群,金属中心 Fe 或 Cu 位于三重轴上,配体以环绕的方式与金属配位,平行于三重轴。值得注意的是:不管是手性螺旋还是非手性螺旋均表现为同一种空间群,这与最近的文献报道的不同空间群的情况不相符。这些配合物表现了典型的联吡啶与金属的六配位模式,金属占据笼状配合物的两个顶点,因此产生空腔以便于包夹阴离子。此外,功能化的咪唑基团可以提供离子型氢键与被包夹的阴离子作用。配合物中不同配体上的 C—N 键长均不同(除了化合物 2 中表现出相等的 C—N 键长),同时铁配合物中的 C—N 键长都比配体(1.326 Å)及铜配合物(1.284 Å)长。

$[Fe_2(L1)_3 \supset (BF_4)](BF_4)_6 \cdot 3CH_3CN$ (1):包有四氟硼酸根的化合物 1 在一个不对称单元中包含了笼状胶囊 $[Fe_2(L1)_3 \supset (BF_4)]^{6+}$,六个四氟硼酸根对抗阴离子以及三个 CH_3CN 溶剂分子。三个柔性配体采取"pseudo – C"构型参与配位而形成双核三螺旋结构。在两个 $[Fe(bpy)_3]^{2+}$ 单元中两个中心金属铁一个采取 Δ 构型,另一个采取相反的Λ构型,这使得该三螺旋呈现非手性结构。笼状的 Fe⋯Fe 间的距离为 10.6 Å,三个咪唑桥联基团围绕形成的空腔大概为 6.7 Å。同一个配体的两个联吡啶端基朝向相同的方向,使配体的对称性降低。一个四氟硼酸根被高价的阳离子胶囊 $[Fe_2(L1)_3 \supset (BF_4)]^{6+}$ 所包夹,这个可以用 ^{19}F – NMR 证明。被包夹的阴离子占据空腔的中心,并通过经过金属活化的联吡啶的 6 – 位氢与其形成氢键。所有的三条 C—H⋯F 氢键指向四氟硼酸根同一个位于 C_3 轴上的氟原子,而其他三个氟原子通过 C_3 操作出来且没有形成有效的氢键。意想不到的是:在结构 1 中,咪唑部分的 CH^+ 没有指向中心,并且未与中心的阴离子像文献报道的那样形成有效的离子型氢键,相反,咪唑平面指向笼子的切面,这样导致 CH^+ 部分形成非常小的 C—H⋯F 键角(63.4°),尽管距离很短,但也不能形成有效的氢键。而在后面要论述的 4 和 6 中,被包夹的硝酸根或溴离子形成了有效的离子型氢键。其原因归结为四面体的四氟硼酸根阴离子尺寸太大,迫使咪唑环向外旋转以释放足够大的空间来匹配大尺寸的阴离子。因此,静电作用在主客体间起到了很重要的作用。如图 2-5 所示,每个笼状配合物单元通过对抗阴离子的作用被邻近的六个相同单元包围。

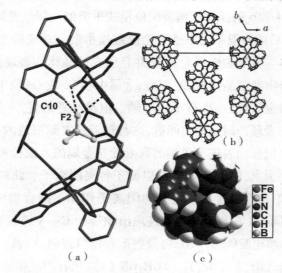

图 2-5 配合物 1 的晶体结构图

注:(a)配合物 1 的部分阳离子(ΔΛ)——$[Fe_2(L1)_3 \supset (BF_4)]^{6+}$ 的结构图;
(b)沿着 c 轴方向的俯视图;(c)空间堆积图。

$[Fe_2(L1)_3 \supset (ClO_4)](ClO_4)_6 \cdot 3CH_3CN$ (2):1 的同晶异质 2 有着与 1 相同的结构,在 2 的骨架中包含两个铁离子、三个配体分子、一个阴离子 ClO_4^- 被包夹在空腔内,而形成带有较多正电荷的笼状化合物 $[Fe_2(L1)_3 \supset (ClO_4)]^{6+}$,同样也存在六个对抗阴离子。配体与被包夹的阴离子也存在三条 C_{py}—H⋯O 氢键。三个柔性配体采取"pseudo-C"构型参与配位而形成双核三螺旋结构。配体的中心基团咪唑采取与 2 相同的方式朝向外侧,导致离子型氢键失效。在两个 $[Fe(bpy)_3]^{2+}$ 单元中,两个中心金属铁一个采取Δ构型,另一个采取相反的Λ构型,这使得该三螺旋呈现非手性结构。笼状的 Fe⋯Fe 间的距离为 10.5 Å,三个咪唑桥联基团围绕形成的空腔大概为 6.7 Å。同一个配体的两个联吡啶端基朝向相同的方向,使配体的对称性降低,如图 2-6 所示。

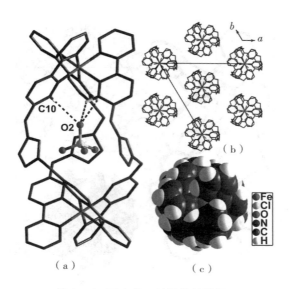

图 2-6 配合物 2 的晶体结构图

注：(a) 配合物 2 的部分阳离子（ΔΛ）——$[Fe_2(L1)_3 \supset (ClO_4)]^{6+}$ 的结构图；
(b) 沿着 c 轴方向的俯视图；(c) 空间堆积图。

$[Fe_2(L1)_3 \supset (SO_4)]_2(SO_4)_5 \cdot 3CH_3CN$ (3)：以相同的方式，我们获得了另一个同晶异质配合物 3，如图 2-7 所示。在配合物 3 中配体采取与 1 和 2 相同的方式围绕两个中心金属形成非手性的三螺旋结构，其晶体结构包含了两个独立的 $[Fe_2(L1)_3 \supset (SO_4)]^{5+}$ 单元、五个 SO_4^{2-} 阴离子以及三个乙腈溶剂分子。阴离子硫酸根以与配合物 1 和 2 相同的模式被包夹起来。其中，硫酸根位于三重轴上的一个氧原子参与形成三条 C_{py}—H⋯O 氢键。与配合物 1 和 2 一样，配合物 3 的静电作用也起到至关重要的作用。Fe⋯Fe 间的距离为 10.6 Å。

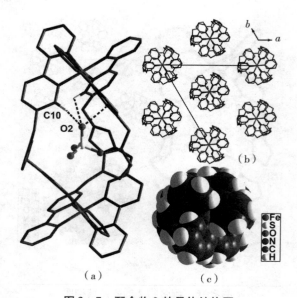

图 2-7 配合物 3 的晶体结构图

注：(a) 配合物 3 的部分阳离子 (ΔΛ)——$[Fe_2(L1)_3\supset(SO_4)]^{5+}$ 的结构图；
(b) 沿着 c 轴方向的俯视图；(c) 空间堆积图。

$[Fe_2(L1)_3\supset(Br)](BPh_4)_6\cdot3CH_3CN$ (4)：配合物 4 的不对称单元中包含一个阳离子胶囊 $[Fe_2(L1)_3\supset(Br)]^{6+}$，外围充斥着六个对抗阳离子的 BPh_4^-，同时也存在三个乙腈溶剂分子。三条半柔性配体环绕两个金属铁离子，形成带有强正电性的手性三螺旋结构。与配合物 1~3 相比，配体采取与以上配合物不相同的"pseudo-S"构型，因此导致两端的金属采取相同构型。在结构 4 中，配体的配位平面与 C_3 轴之间成 52.5°角。但整体是消旋的，同时存在配体的 P 和 M 型螺旋结构。中心基团咪唑的卡宾指向笼子的中心，这与 1~3 截然不同，在配合物 1 中咪唑的卡宾背离了笼子的赤道平面而不能形成有效的离子型氢键。在配合物 4 中是相对较小的溴离子被包夹而不是大的四苯硼酸阴离子被包夹，溴离子与配体形成了有效的三条离子型氢键 C—H$^+$⋯Br$^-$。

Fe⋯Fe 间的距离为 11.8 Å，咪唑间的距离为 5.7 Å。与四面体阴离子配合物 1~3 相比，Fe⋯Fe 间的距离较远。而咪唑朝向内部，与包夹的阴离子形成氢键，导致配合物 4 的有效空腔体积比以上三个配合物小些。如图 2-8 所示，每一个笼状单元通过阴离子和溶剂分子的作用而被邻近的七个同样的单元包围。

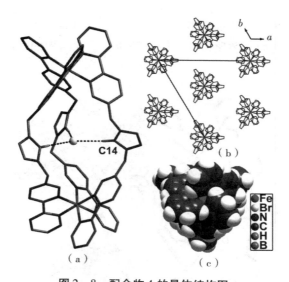

图 2-8 配合物 4 的晶体结构图

注：(a) 配合物 4 的部分阳离子 $(\Delta\Delta)$ —— $[Fe_2(L1)_3 \supset (Br)]^{6+}$ 的结构图；
(b) 沿着 c 轴方向的俯视图；(c) 空间堆积图。

$[Cu_2(L1)_3 \supset (NO_3)](NO_3)_6(6)$：硝酸铜的配合物 6 与铁配合物 4 的结构类似，在 6 中硝酸根被包夹在中心空腔内，如图 2-9 所示。三个呈现"S"构型的配体环绕两个中心金属铜而构筑成手性三螺旋结构。配体的配位平面与 C_3 轴之间呈 55.6°角，比配合物 4 的角度稍大。配合物 6 也是消旋的。每个金属铜穿过三重轴与三个配体的三个联吡啶形成六配位八面体，而没有姜-泰勒效应（因为 6 个 Cu—N 键长相等）。同样不存在姜-泰勒效应的二价铜配合物也有大量的报道。被包夹的阴离子硝酸根中的氮原子位于三重轴上，其他三个氧原子参与形成离子型氢键 C—H$^+$⋯O，这三条氢键指向笼子的中心（与配合物 4 相同）。值得注意的是：被包夹的硝酸根不是共平面的，氮原子稍微偏离三个氧原子存在的平面，因此导致 O—N—O 的键角之和不是 360°，而是 350.7°。我们把这一现象归结为，为了与配体中心基团的咪唑形成有效的氢键而不得不变形去适应较小的空腔。同样我们发现这带来的结果是 C⋯O 和 C—H⋯O 的距离都很近。每个配合物与邻近的六个配合物通过外围的硝酸根阴离子包围起来。该笼子的大小为 11.7 Å Cu⋯Cu。在化合物 4 和 6 中，M⋯M 的距离比配合物 1~3 远，这与 Raymond 报道的情况一致：在没有包夹客体的手性结构中，两个顶点的金属间的距离要比包夹水分子的非手性结构远一些,相应存在着包夹客体分子的手性结构的空腔比包夹客体分子的非手性结构的空腔小的情况,如图2-10所示。

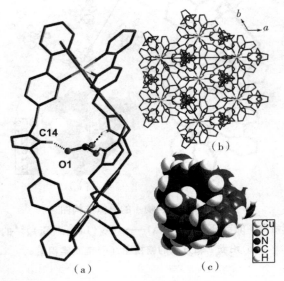

图2-9　配合物6的晶体结构图

注:(a)配合物6的部分阳离子(ΔΔ)——[$Cu_2(L1)_3 \supset (NO_3)$]$^{6+}$的结构图;
(b)沿着c轴方向的俯视图;(c)空间堆积图。

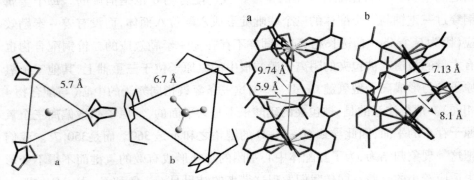

图2-10　有效体积与文献对比(右侧a和b为Raymond的工作)

三螺旋化合物中被包夹阴离子周围的氢键的键长和键角如表2-1所示。

表 2-1　三螺旋化合物中被包夹阴离子周围的氢键

阴离子形状	化合物	C—H—A	C—H/Å	H⋯A/Å	C⋯A/Å	∠C—H—A/(°)
四面体形	$[Fe_2(L1)_3(BF_4)]\cdot(BF_4)_6(1)$	C10—H10⋯F2	0.95	2.49	2.998	112.9
	$[Fe_2(L1)_3(ClO_4)]\cdot(ClO_4)_6(2)$	C10—H10⋯O2	0.95	2.52	3.009	112.7
	$[Fe_2(L1)_3(SO_4)]_2\cdot(SO_4)_5(3)$	C10—H10⋯O2	0.95	2.43	2.935	113.7
球形	$[Fe_2(L1)_3(Br)]\cdot(BPh_4)_6(4)$	$C14^+$—H14⋯Br	0.95	2.66	3.602	170.7
平面三角形	$[Cu_2(L1)_3(NO_3)]\cdot(NO_3)_6(6)$	$C14^+$—H14⋯O1	0.95	1.35	2.223	150.6

2.3.4　溶液性质的研究

像上面提到的那样,在本书中,helicate 和 mesocate 的配体构型及阴离子键合模式有着很大的不同,这导致核磁信号不同,因此有利于讨论溶液中的结构问题。配合物 1 和 5 分别作为 helicate 和 mesocate 的代表。在室温条件下,在 CD_3CN/H_2O(体积比 8:1)体系中考察了配合物 1 和 5 的氢谱、碳谱情况。在氢谱中,包括联吡啶基团、咪唑上的 NCHCHN、卡宾以及桥联基团 CH_2 的氢质子都存在截然不同的核磁信号。在手性结构 5 中,卡宾 CH^+ 上的氢由于参与氢键而明显向低场位移(位移近 1.18 ppm[①]),而 1 中由于处于邻近芳基的屏蔽区而存在明显的高场位移(-0.45 ppm)。对于中心基团咪唑上的 NCHCHN 氢质子只有在呈"S"构型的配体中显示一个信号,而在 mesocate 中两端金属的手性不同导致其化学环境也不同,这样将其裂分为两组信号峰,分别位于 6.86 ppm 和 6.96 ppm 处。同时,桥联基团 CH_2 也发生较大的变化,在自由配体中呈现出一组峰,而在 helicate 中表现为两组峰,在 mesocate 中呈现出更为复杂、分裂的四组峰,如图 2-11 所示。

---

① 1 ppm = 10^{-6}。

以上结果清楚地反映了 mesocate 与 helicate 结构的不同,这可以解释为尺寸不同、外形不同、阴离子作用,导致配体构型的变化,并且带来异构体中配体的不同对称方式。在 mesocate 中,被包夹的四面体阴离子位于三重轴上致使某一个氟或氧指向位于上面的联吡啶铁,而其他三个氟或氧朝向另一端的(下面的)联吡啶铁,因此导致配体的完全不对称。相比之下,helicate 中的硝酸根或溴离子位于赤道平面上,带来相同的作用方式,这使配合物的上下两端有了高度对称性。在 mesocate 中心基团咪唑上的 NCHCHN 的氢质子处于不同的化学环境而有了更为复杂的核磁信号峰,而在高度对称的 helicate 中则表现为相对简单的核磁信号峰。再者,在 mesocate 中一端吡啶上的 6—H 由于参与 C—H⋯X 氢键而表现出与另一端未参与任何作用的吡啶 6—H 不同的核磁信号峰,但是由于高度的重叠而难以区分。

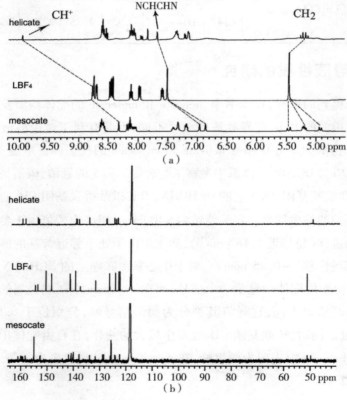

图 2 - 11 室温,在 CD_3CN/H_2O (体积比 8∶1)条件下 mesocate 1 及 helicate 5 的 ^1H – NMR 和 ^{13}C – NMR 谱图

碳谱与氢谱可以保持很好的一致性。碳谱的结果进一步证明了这两种情况下氢质子的不同。在 mesocate 中表现为 25 个信号峰,咪唑中 NCHCHN 的碳出现在 151.3 ppm 和 140.5 ppm 处,CH_2 分别出现在 50.9 ppm 和 49.6 ppm 处。值得注意的是:联吡啶铁的两端表现出不同化学位移。相应地在具有较高对称性的 helicate 中表现为 13 个信号峰,这样的结果与单晶结构一致。此外,与配体相比,有些质子向高场位移,这表明这些质子由于形成配合物而处于屏蔽区。这些证据都证明了中心的阴离子会影响配合物的结构。

配合物 1 以 10^{-4} mol·L^{-1} 浓度 D_2O 溶液的 ^{19}F-NMR 谱图(图 2-12)同样证明了 mesocate 结构的不对称性。自由配体的氟谱因同位素影响谱峰大约出现在 -150.0 ppm(-150.5 ppm 和 -150.4 ppm)处,当形成配合物 1 后,氟谱有四组信号峰出现,两组高场区信号峰(-150.0 ppm/ -150.1 ppm 和 -147.7 ppm/ -147.8 ppm)归为 6 个起到电荷平衡作用的外围 BF_4^-,如图 2-12 所示。但由于微环境的不同,出峰位置略有差别:向低场位移了近 2 ppm 的信号峰,我们认为是离中心咪唑基团较近而有较弱的静电作用,而其他的信号峰我们归结为远离咪唑中心,自由的 BF_4^- 出峰位置与自由配体类似。两组出现在更低场的信号峰(分别为 -143.4 ppm/ -143.5 ppm 及 -129.7 ppm)是被包夹的阴离子 BF_4^-。由于阴离子处于特殊位置 C_3 轴上,以及结构手性的不对称性,因此谱峰分裂,且两组分裂峰的积分面积与配合物中氟原子的比例一致,均为 1∶3。helicate 及 mesocate 的 1/3 结构如图 2-13 所示。

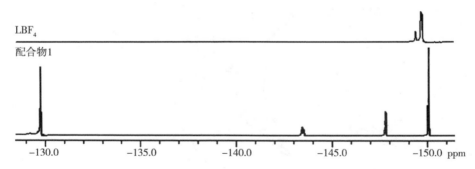

图 2-12 室温下水溶液中配合物 1 及 LBF_4 的 ^{19}F-NMR 谱

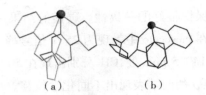

图 2-13 helicate（a）及 mesocate（b）的 1/3 结构

2.3.5 形成 helicate 与 mesocate 的比较

从 Albrecht 等人首次合成了三螺旋 mesocate 开始，研究者便试图控制 helicate 和 mesocate 的生成及分离。根据对一系列的茶儿酚配体与金属间自组装的研究，Albrecht 提出了奇偶规则。他认为调节桥联基团的烷基链的长短就可以控制两种异构体的选择性合成。他发现当烷基链的碳的个数为偶数时，配体呈现"S"构型而有助于生成 helicate；但是当其为奇数时，配体采取"C"构型而倾向于生成 mesocate。此外，理论研究证明同手性的 helicate 总是能量最低且易于生成。最近，Dolphin 等人成功利用带有一个 CH_2 间隔基团的双二吡唑类配体在同一个反应中得到两种异构体，并利用柱色谱将其成功地分离。在研究过程中发现，配体要么呈现"S"构型，要么呈现"C"构型。在该反应条件下，这两种构型可以很容易地互相转化而同时产生两种异构体。配合物中配体的排布方式如图 2-14 所示。

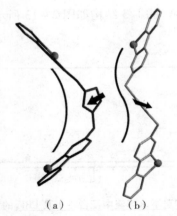

图 2-14 配合物中配体的排布方式

考虑到容易形成最低能量的化合物和自由配体采取"S"构型，因此 helicate

结构的化合物在[M$_2$(L1)$_3$]自组装过程中是最容易生成的。在笔者的体系中发现阴离子的尺寸和外形在配合物瞬间结晶的过程中可以在很大程度上影响配合物的最终结构，相对较大的四面体阴离子如 BF$_4^-$ 可以生成 mesocate 配合物，如图 2-5 所示，而使用小的球形 Br$^-$ 或平面形的 NO$_3^-$ 时我们可以获得 helicate，如图 2-8 和图 2-9 所示。这些结果暗示了阴离子可以作为模板剂而选择性合成 mesocate 或 helicate 型结构的配合物。阴离子为了与配合物空腔的大小相匹配，会在很大程度上稳定三螺旋金属配合物[M$_2$L$_3$]的最终结构，因此配合物不得不通过配体的伸展或压缩来调节中间空腔的大小，以便与阴离子相匹配，求得最佳状态。就如图 2-5 所描述的那样，对于大的四面体阴离子来说，桥联基团咪唑上的 CH$^+$ 部分发生扭转使其朝向笼子的切线方向，以释放空间来容纳大的阴离子。这样的排布方式迫使配合物中的配体采取平行于三重轴的方向，而且采取"pseudo-C"构型来避免联吡啶基团之间以及咪唑基团之间的空间排斥，进一步形成了 mesocate 构型。相比之下，小的阴离子不需要那么大的空间，咪唑基团中的 CH$^+$ 部分可以自由指向笼子的中心而形成有效的 CH$^+$⋯X$^-$ 离子型氢键，这样配体将会以"S"构型出现，在很大程度上减弱配体间的空间排斥作用，以利于形成能量较低的 helicate 构型（图 2-14）。

为了获得能量稳定的 mesocate 配合物，科学家们做出了很大的努力，如在配体金属配位邻近的位置上引入 R 和 S 手性官能团，或者设计合成含有奇数个碳的烷基链的间隔基团且呈"之"字构型的配体。笔者认为通过控制阴离子的尺寸及外形可以有效地稳定 mesocate 配合物且可选择性结晶 mesocate 配合物。

2.3.6　选择性结晶提取水溶液中 BF$_4^-$

近年来，从人类活动的环境中捕获和去除特定阴离子仍然是超分子化学中具有挑战性的工作。在众多的阴离子中，四氟硼酸根（BF$_4^-$）是离子液体中的主要阴离子，对离子液体的性能有重要影响。同时，离子液体作为环境友好的绿色溶剂，在当前的分析化学中得到了广泛的应用，在有机合成等领域也是一种成熟的试剂。此外，四氟硼酸盐在工业应用中也有重要意义，特别是电镀和医药中间体方面。因此，定量检测和去除四氟硼酸盐是非常有吸引力的研究项目。

阴离子萃取是超分子化学的重要应用，主要研究从环境中，尤其是水中去除有害的阴离子。近年来,选择性结晶作为一种提取阴离子的新技术得到了发展,特别是利用金属辅助受体,因为它可以根据金属配位几何形状来预定阴离子的结合位点,从而产生与阴离子互补的结合环境,而且很容易悬浮在水中并形成晶体分离出来。同时,固相的刚性环境可以增强空腔的形状和尺寸的选择性,而参与自组装的金属离子也提供了额外的电荷选择性。许多研究人员已经报道了阴离子的选择性结晶。与柔性受体相比,作为氢键供体的金属配合物灵活性差,却恰好能提供与阴离子互补的结合环境。最近,Plieger 等人发现了一种选择性的硫酸盐萃取的双水杨醛合铜(Ⅱ)受体,成功地展示了金属辅助受体的优势。另外,其结晶性能有助于弄清主客体之间的关系。根据金属配位数和有机配体的长度,可以有效地控制和调节受体空腔的大小。因此,这些受体可以选择性地封装阴离子,就像 Custelcean 报道的硫酸盐封装 M_4L_6 笼一样。最后,一些金属有机框架(MOF)也被报道可以封装阴离子。

在上面的研究中已经证明了铁(Ⅱ)或铜(Ⅱ)盐与 LBr 配体的自组装笼状结构可以封装各种不同的阴离子,包括 BF_4^-、SO_4^{2-}、ClO_4^-、NO_3^- 和 Br^-。高电荷 $[Fe_2L_3]^{7+}$ 笼可以通过静电作用和氢键相互作用容纳阴离子,因此可以在中性溶液中充当阴离子受体。在此基础上,$[Fe_2L_3]^{7+}$ 笼能从不同形状和大小的阴离子中选择性地与四氟硼酸盐结晶,因此可通过结晶技术选择性萃取四氟硼酸盐。

为了测试该体系的阴离子选择性,笔者进行了竞争性结晶实验。于 LBr 的 CH_3CN 溶液中,逐滴加 $FeBr_2 \cdot 6H_2O$ 水溶液,在室温下将所得深紫色混合物搅拌 30 min。然后在上述紫色溶液中加入 BF_4^-、$H_2PO_4^-$、SO_4^{2-}、ClO_4^-、CO_3^{2-}、NO_3^-、Ac^-、Cl^-、Br^- 和 I^-(钠盐)的水溶液,将所得混合物再回流 30 min,室温下缓慢蒸发。1 周后,获得红色晶体 1a,用乙醇和乙醚洗涤。首先,进行单晶粉末 X 射线衍射(PXRD)测试,与化合物 1 相比,化合物 1a 在同一空间群 $R3$ 和单元胞内 $[a = b = 2.0542(2)\ \text{nm},\ c = 1.7927(2)\ \text{nm}]$。结果表明,化合物 1a 的结构与化合物 1 完全相同。为了确认所有晶体都是化合物 1a,进行了 PXRD 和元素分析。在 PXRD 图谱中,化合物 1a 的结构与化合物 1 和模拟化合物 1 的结构完全一致,如图 2-15 所示。此外,我们获得了 FTIR 光谱(图 2-16)。与 LBF_4(Br^- 与 BF_4^- 交换)和化合物 1 相比,化合物 1a 对四氟硼酸阴离子显示出相似的宽而强的特征峰,在 1066 cm^{-1}、1064 cm^{-1}、761 cm^{-1} 和 523 cm^{-1} 处,在结晶材

料中没有发现 $H_2PO_4^-$、SO_4^{2-}、ClO_4^-、NO_3^-、Ac^- 或 CO_3^{2-}。当使用超过 2.5 倍的竞争阴离子时,也观察到同样的结果。没有证据表明产物在固体状态下存在混合物,结果与霍夫迈斯特效应顺序一致。

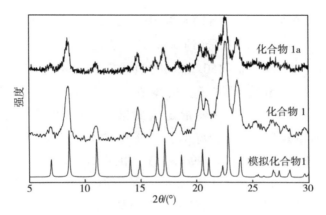

图 2-15　化合物的 PXRD 图

注:化合物 1a 表示在 BF_4^- 和其他阴离子混合物存在条件下获得的晶体 PXRD 图;化合物 1 表示仅在 BF_4^- 存在条件下获得的晶体 PXRD 图;模拟化合物 1 表示模拟化合物 1 的 PXRD 图。

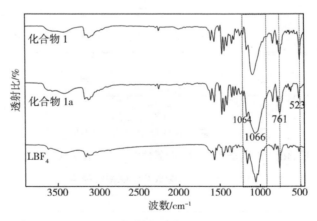

图 2-16　竞争性结晶实验的 FTIR 光谱

注:化合物 1 表示单独从 BF_4^- 获得的晶体;化合物 1a 表示在 BF_4^- 和其他阴离子混合物存在下获得的晶体。

通过 ^{19}F-NMR 研究了竞争阴离子结合(图 2-17)。首先,游离 ^{19}F 信号显示在 LBF$_4$ 的前场 −150.5 ppm 和 −150.4 ppm 处,对应于天然丰度的硼的两种同位素。在 D$_2$O 中,室温下记录化合物 1a 的 ^{19}F − NMR 谱图,与化合物 1 的 ^{19}F − NMR 谱图相同。化合物 1a 也显示出 4 个分离的信号:两个前场信号(−150.1 ppm/−150.2 ppm 和 −147.6 ppm/−147.7 ppm)归因于 6 个外部 BF$_4^-$ 对抗离子,它们处于不同的环境中。与配体 LBF$_4$ 相比,略微下移的 −147.6 ppm/−147.7 ppm 信号(约 3 ppm)可能是由于 BF$_4^-$ 离子靠近 CH$^+$ 基团并与它们相互作用弱,而 −150.1 ppm/−150.2 ppm 峰则是远离 CH$^+$ 基团的峰,因此可以视为游离阴离子。出现在 −143.4 ppm/−143.5 ppm 和 −129.7 ppm 的两个信号可以被指定为封装的 BF$_4^-$ 离子。F 原子的信号(−143.4 ppm/−143.5 ppm)恰好位于 C_3 轴上,它与配体中的联吡啶基团通过三个 C—H⋯F 键 [键长:2.999(3) Å] 相互作用,与其他三个 F 原子(−129.7 ppm)没有氢键相互作用,显示出适当的积分比(约 1∶3)。此外,这些结果表明,1 个 BF$_4^-$ 被包裹在金属辅助的融合器内,其他 6 个 BF$_4^-$ 作为反离子包裹在融合器周围,预期积分比约为 1∶6,很可能与化合物 1 的固态结构类似。

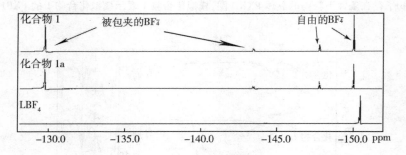

图 2 − 17 室温下 D$_2$O 中的 ^{19}F − NMR 谱图

注:化合物 1a 表示在 BF$_4^-$ 和其他阴离子存在下获得的晶体;
化合物 1 表示仅从 BF$_4^-$ 获得的晶体。

由于 LBr 具有耐水特性和对四氟硼酸根离子的选择性,所以笔者研究了该配体在 FeBr$_2$·6H$_2$O 辅助下的萃取行为以形成高正电笼。这一过程使用重量法能够直接评价萃取效率。根据竞争性结晶实验,进行了三次平行实验,在室温下让溶剂缓慢蒸发。然后在离心分离(12000 r/min,10 min)和真空干燥后,测量得到的红色晶体 1a 的质量。结果表明,萃取率高于 82.56%(质量百分数),如表 2-2 所示。为了比较,笔者还在相同的实验条件下,在只有纯 $NaBF_4$ 的溶液中进行了 BF_4^- 萃取实验,得到了晶体 1(表 2-3)。在不添加其他阴离子的情况下,BF_4^- 萃取率接近 85.66%(质量百分数)。对比竞争性结晶实验,四氟硼酸阴离子萃取能力相当。这些结果进一步证明了四氟硼酸盐在金属铁辅助下从水溶液中选择性分离有活性的四氟硼酸阴离子的能力。

表 2-2 四氟硼酸盐萃取效率

物质	1#/mg	2#/mg	3#/mg	平均质量/mg
LBr	100.1	102.0	104.0	102.0
$FeBr_2 \cdot 6H_2O$	44.46	45.35	46.25	45.35
含有 BF_4^- 的所有钠盐①	548.9	548.9	548.9	548.9
$[Fe_2(L1)_3(BF_4)](BF_4)_6$(化合物 1a)	119.7	120.0	121.1	120.3
BF_4^-(被萃取的)	36.99	35.59	37.86	36.81

注:① $NaBF_4$ 56.50 mg。
一共加入 0.5136 mmol BF_4^-,被萃取出来 0.4240 mmol,萃取率约为 82.56%。

表 2-3 纯 $NaBF_4$ 的萃取效率

物质	1#/mg	2#/mg	3#/mg	平均质量/mg
LBr	100.1	102.0	104.0	102.0
$FeBr_2 \cdot 6H_2O$	44.46	45.35	46.25	45.35
纯 $NaBF_4$	56.50	56.50	56.50	56.50
$[Fe_2(L1)_3(BF_4)](BF_4)_6$(化合物 1)	119.7	120.0	121.1	120.3
BF_4^-(被萃取的)	37.56	37.65	38.01	37.75

注:一共加入 0.5136 mmol BF_4^-,被萃取出来 0.4348 mmol,萃取率约为 84.66%。

2.3.7 DFT 研究

事实上,依赖静电相互作用,高正电荷的空腔容易结合电负离子如 SO_4^{2-},为什么选择低负电荷的 BF_4^- 离子?为了提高这类金属辅助受体的"离子选择性"，可以考虑上述几种因素，如笼构象互补、静电相互作用或疏水效应。根据霍夫迈斯特效应顺序，推测 BF_4^- 离子的选择性与该阴离子水合能最小（$\Delta G =$ 190 kJ/mol）是一致的。然后在 B3LYP/6-31G(d, p) 水平上对三种配体包裹的阴离子相互作用进行 DFT 计算，以评估这些配合物的稳定性，结果列于表 2-4 中，表明这些配合物的稳定性为 $SO_4^{2-} > NO_3^- > BF_4^- > Br^-$。与水合能顺序（$SO_4^{2-} > Br^- > NO_3^- > BF_4^-$）相比，水合能小的 BF_4^- 离子优于静电相互作用或高电荷笼与阴离子之间的构象互补作用。因此，$[Fe_2(L1)_3]^{7+}$ 更容易封装 BF_4^- 离子，与霍夫迈斯特效应顺序一致。这些数据证明了我们的假设：在水溶液中，水是一个强竞争对手，于是 BF_4^-（水合能小）被选择性地包裹起来。

表 2-4 阴离子的性质和化合物的总电子能量

阴离子	离子半径/Å	$\Delta G/(kJ \cdot mol^{-1})$	化合物	$E/(kcal \cdot mol^{-1})$
BF_4^-	2.40	-190	$[Fe_2(L1)_3 \supset (BF_4)]^{6+}$	-400.082
Br^-	1.95	-315	$[Fe_2(L1)_3 \supset (Br)]^{6+}$	-398.335
SO_4^{2-}	2.30	-1080	$[Fe_2(L1)_3 \supset (SO_4)]^{5+}$	-855.185
NO_3^-	1.79	-300	$[Fe_2(L1)_3 \supset (NO_3)]^{6+}$	-423.392

2.4 小结

笔者利用咪唑桥联的 2,2'-联吡啶配体与二价铁或铜成功地合成了一系列高电荷的双核三螺旋笼状配合物 $[M_2(L1)_3]^{7+}$。化合物通过空腔包夹阴离子，阴离子的尺寸/形状可以影响产物的立体化学性质。被包夹的阴离子为较大的四面体阴离子时，如 BF_4^-、SO_4^{2-} 以及 ClO_4^-，会生成 mesocate 配合物，相反，相对较小的平面形阴离子 NO_3^- 或球形 Br^-，会产生 helicate 配合物。还有，配合物 4 和 6 再结晶过程会自发生成具有 P 构型的化合物。阴离子对配体构型的改变决定了产物的立体化学性质。此外，PXRD、FTIR、^{19}F-NMR 和元素分析表明，BF_4^- 离子可以选择性地从含有其他阴离子（$H_2PO_4^-$、SO_4^{2-}、ClO_4^-、CO_3^{2-}、NO_3^-、Ac^-、Cl^-、Br^- 和 I^-）的水溶液中结晶分离出来。

第3章 基于咪唑桥联的双二联吡啶配体同核一价银配合物制备及性质研究

3.1 引言

超分子化学在近几十年中蓬勃发展，构筑了一系列在尺寸上接近纳米尺度，在功能上多种多样、美妙而又复杂的超分子结构。对致力于设计赋有特殊的传感磁性、光学性质和催化性质的新型超分子材料的科学家来说，超分子化学为其提供了无限可能。

在超分子化学中，一价银配合物由于在光学材料、荧光材料、主客体化学、医药以及催化领域有着重要应用而引起极大的关注。然而传统上在该类配合物体系中常使用含 N、O、P 以及 S 这样的给电子配体，最近几年里大量的氮杂环卡宾配体也用于一价银配合物的研究。自从首次成功分离一价银卡宾配合物以来，其得到了广泛的研究。银卡宾配合物被大量报道，因为它可以构筑丰富多样的结构，如从二配位的线性分子到螺旋结构、聚合物、环、分子笼和分子簇。这些银卡宾配合物可以很方便由相应咪唑盐与氧化银或其他的银盐（如 $AgOAc$、Ag_2CO_3）反应而制得。更重要的是，银卡宾配合物还可以作为金属转移试剂制备 Ru、Ir 和 Pt 卡宾配合物，并且可以作为抗菌杀菌试剂或者有效的催化剂。此外，卡宾配体易于被功能化的官能团取代来构筑具有特殊性质的配合物。

在配位化学中，正是因为 $2,2'$-联吡啶及其衍生物具有很强的螯合性质可以作为配体，且多联吡啶金属配合物具有很好的荧光性质而成为许多研究的主题。根据联吡啶配体的配位优势，用二联吡啶基团修饰咪唑盐，笔者合成了多个配位点联吡啶咪唑盐配体用于配位化学研究。此外，这些配体还可以用于构筑具有荧光性质的配合物（因为 MLCT 机制可以使螯合联吡啶基团的荧光增强)。例如,Beer 等人设计的联吡啶咪唑配体,合成了 d-f 杂核伪索烃,得到近红外稀土发光材料。另一方面,在这些金属卡宾配合物中,尤其是含有 d^{10} 轨道的金属,如金、银卡宾配合物可以表现出有趣的发光性质。

本书设计合成了含有不同阴离子的联吡啶咪唑盐(LX,X = Br^-,PF_6^-,BPh_4^-),该配体中两端的联吡啶基团由两个亚甲基 CH_2 与咪唑连接起来,利用这些配体与氧化银反应制备了一系列的一价银卡宾配合物[$Ag(L1)_2$]Br (7)、[$Ag_2(L1)_2$]X_2 (X = Br, 8a;PF_6, 8b)、[$Ag_2(L1)_2$]$(BPh_4)_2$ (8c) 和{[Ag_3-$(L1)_2$]$(PF_6)_3$·$4CH_3CN$}$_n$ (9),如图 3-1 所示。配体与氧化银反应,通过控制配体与阴离子的比例很容易得到单核的配合物 7 或双核的 8a、8b、8c。在化合物 7 中,只有卡宾的碳原子参与配位,而两端的联吡啶基团闲置未参与配位,形成了金属银与配体比例为 1∶2 (M∶L) 的配合物。在化合物 8a、8b、8c 中,一侧的联吡啶与中间的卡宾、银离子发生配位,另一侧联吡啶臂未参与配位。以上银配合物中银的这种配位方式导致联吡啶配位不饱和,从而可以继续参与配位,因此其可以作为构筑块与其他金属继续构建更为复杂的结构。事实上,笔者用此方法也得到了相对复杂的配合物 9,在配合物 9 中所有的联吡啶及卡宾都参与配位而产生聚合一维无限链状结构。因此,笔者报道合成了一系列的一价银配合物,以及彼此间的相互转化,并研究了其荧光性质。

3.2 实验部分

3.2.1 药品和测试仪器

咪唑,2-乙酰基吡啶,吡啶,碘,甲基丙烯醛,甲酰胺,醋酸铵,NBS,AIBN,四氯化碳,乙腈,二氯甲烷,乙醚,以及其他溶剂和化合物都是分析纯,商业途径购买,并直接使用。^1H-NMR 和 ^{13}C-NMR 谱图由 Varian Mercury plus-400 核磁共振波谱仪检测,分辨率分别为 400 MHz 和 100 MHz,并以 TMS 为内标。元素分析数据由 Elemental Vario EL 元素分析仪测得。熔点由 X-4 数字显微熔点仪测得。荧光谱图由 Hitachi F4500 光谱仪测得(1 cm 石英池),室温,激发与发射狭缝宽度都是 2.5 nm,扫描速度是 1200 nm·min^{-1}。荧光寿命由单光子计数荧光光谱仪测得(1 cm 石英池),选各谱图对应最大发射强度的波长作为发射峰检测衰减情况。通过仪器自带软件对衰减曲线进行拟合(χ^2 = 1.0~1.2),

得到荧光寿命。

3.2.2 实验基本操作

配体和配合物 7、8b、8c 和 9 的 X 射线衍射数据在 Bruker SMART APEX II 单晶 X 射线衍射仪上完成。用经过石墨单色器单色化的 Mo – Kα 射线（λ = 0.71073 Å），在 293 K 下以 ω – 2θ 扫描方式收集衍射数据。运用 SADABS 程序进行经验吸收校正。应用 SHELXS 程序的直接法解析结构。所有非氢原子采用 SHELXL 程序全矩阵最小二乘法进行各向异性精修，与其相连接的氢原子都由理论加氢程序找出（热参数当量 1.2 倍于与其连接的母体非氢原子）。晶体数据如表 3 – 1 所示。

表 3 – 1 $L_2Ag_xX_y$ 的晶体数据及精修结果

物质	[Ag(L1)$_2$]Br (7)	[Ag$_2$(L1)$_2$]-(PF$_6$)$_2$(8b)	[Ag$_2$(L1)$_2$]-(BPh$_4$)$_2$(8c)	[Ag$_3$(L1)$_2$]-(PF$_6$)$_3$(9)
实验分子式	C$_{50}$H$_{38}$AgBrN$_{12}$O	C$_{50}$H$_{40}$Ag$_2$F$_{12}$N$_{12}$P$_2$	C$_{200}$H$_{160}$Ag$_4$B$_4$N$_{26}$O	C$_{58}$H$_{52}$Ag$_3$F$_{18}$N$_{16}$P$_3$
摩尔质量/(g·mol^{-1})	1010.70	1314.62	3416.26	1731.68
晶体颜色	无色	无色	浅黄色	浅黄色
晶体描述	块状	块状	块状	块状
波长/Å	0.71073	0.71073	0.71073	0.71073
温度/K	153(2)	153(2)	153(2)	173(2)
晶系	单斜晶系	单斜晶系	单斜晶系	三斜晶系
空间群	$C2/c$	$P2_1/c$	$P2_1/c$	$P\bar{1}$
a/Å	16.333(4)	12.898(3)	13.104(4)	11.265(2)
b/Å	17.115(7)	8.587(2)	20.995(7)	11.398(2)
c/Å	16.180(6)	24.578(5)	31.011(10)	13.912(3)
α/(°)	90	90	90	107.576(2)
β/(°)	95.050(5)	109.296(10)	91.163(5)	95.772(2)
γ/(°)	90	90	90	105.009(2)
V/(Å^3)	4506(3)	2569.2(10)	8530(5)	1613.5(5)

续表

物质	[Ag(L1)$_2$]Br(7)	[Ag$_2$(L1)$_2$]-(PF$_6$)$_2$(8b)	[Ag$_2$(L1)$_2$]-(BPh$_4$)$_2$(8c)	[Ag$_3$(L1)$_2$]-(PF$_6$)$_3$(9)
Z	4	2	2	1
$D_c/(g \cdot cm^{-3})$	1.490	1.699	1.331	1.782
$F(000)$	2048	1312	3516	860
$\mu(Mo-K\alpha)/mm^{-1}$	1.39	0.92	0.52	1.08
晶体尺寸/mm^3	0.20×0.15×0.15	0.40×0.20×0.15	0.20×0.20×0.20	0.30×0.25×0.25
θ 范围/(°)	1.73~25.10	1.67~25.16	1.17~25.09	2.22~25.06
衍射数据收集	14685	15843	54577	10146
独立衍射数据	4000	4579	14999	5599
观测到的衍射数据[$I>2s(I)$]	3273	3942	7999	4367
R_{int}	0.0258	0.0441	0.1218	0.0248
修正参数	301	352	1069	447
契合度 F^2	1.25	1.16	1.05	1.01
$R_1[I>2\sigma(I)]$	0.0691	0.0892	0.0892	0.0617
wR_2(所有数据)	0.2861	0.2306	0.2311	0.2010

3.2.3 配体的合成及表征

按照第 2 章的方法合成,参见第 2 章实验部分。

3.2.4 银联吡啶咪唑配合物的合成及表征

银配合物的合成路线如图 3-1 所示。

第 3 章 基于咪唑桥联的双二联吡啶配体同核一价银配合物制备及性质研究

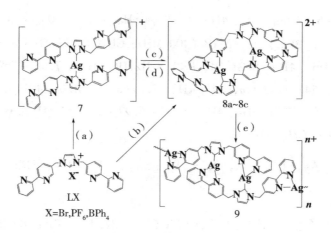

图 3-1 银配合物的合成路线

注：(a) LBr: Ag = 2:1 (7)；(b) LX: Ag = 1:1 [X = Br(8a), PF$_6$(8b), BPh$_4$(8c)]；
(c) Ag$^+$；(d) MeOH, $h\nu$；(e) 8b: Ag = 1:3 (9)。

3.2.4.1 [Ag(L1)$_2$]Br·H$_2$O (7) 的制备

向 LBr (50.0 mg, 0.103 mmol) 乙腈 (20 mL) 溶液中加入新制备的 Ag$_2$O (5.97 mg, 0.0258 mmol)，该混合物在室温下搅拌至 Ag$_2$O 消失。反应完全后过硅藻土，将无色溶液浓缩至 2 mL。加入乙醚得白色固体粉末 7 (40 mg, 76%)。熔点 >300 ℃。[Ag(L1)$_2$]Br·4H$_2$O (C$_{50}$H$_{46}$N$_{12}$AgBrO$_4$) 理论计算值：C, 56.19%；H, 4.53%；N, 15.73%。实测值：C, 56.31%；H, 4.17%；N, 15.53%。^{1}H-NMR (400 MHz, CD$_3$CN, 25 ℃)：δ = 8.21 (d, J = 4.0 Hz, 4H, H6′), 8.15 (d, J = 1.6 Hz, 4H, H6), 7.94~7.89 (m, 8H, H3/H3′), 7.45~7.42 (m, 4H, H4′), 7.29~7.26 (dd, J = 2.0 和 6.0 Hz, 4H, H4), 6.99~6.95 (m, 4H, H5′), 6.89 (s, 4H, Ha), 4.93 (s, 8H, CH2)。^{13}C-NMR (100 MHz, CD$_3$CN, 25 ℃)：δ = 155.6, 155.5, 154.8, 148.9, 148.2, 136.8, 136.2, 132.3, 123.8, 122.2, 120.4, 120.3, 52.0。

[Ag(L1)$_2$]PF$_6$：^{1}H-NMR (400 MHz, CD$_3$CN, 25 ℃)：δ = 8.43 (d, J = 4.2 Hz, H6′, 4H), 8.11 (d, J = 1.6 Hz, H6, 4H), 7.96~7.89 (m, H3/H3′, 8H), 7.45~7.43 (m, H4′, 4H), 7.31~7.24 (dd, J = 2.1 和 6.0 Hz, H4,

4H)，6.95~6.87（m，H5′，4H），6.89（s，Ha，4H），5.03（s，CH_2，8H）。

[Ag(L1)$_2$]BPh$_4$：^{1}H-NMR（400 MHz，CD$_3$CN，25 ℃）：δ = 8.31（d，J = 4.4 Hz，H6′，4H），8.21（d，J = 1.8 Hz，H6，4H），7.98~7.90（m，H3/H3′，8H），7.54~7.52（m，H4′，4H），7.31（s，br，BPh$_4$，40H），7.36~7.28（dd，J = 2.0 和 6.0 Hz，H4，4H），6.99~6.97（m，H5′，4H），6.75（s，Ha，4H），5.13（s，CH_2，8H）。

3.2.4.2 [Ag$_2$(L1)$_2$]X$_2$[X = Br（8a），PF$_6$（8b），BPh$_4$（8c）]的制备

与制备配合物 7 同样的方法，向 LX（X = Br，PF$_6$，BPh$_4$；0.103 mmol）加入 Ag$_2$O（11.94 mg，0.0516 mmol），得到配合物 8a~8c。

[Ag$_2$(L1)$_2$]Br$_2$（8a）：产率为 42 mg，80%。熔点 > 300 ℃。[Ag$_2$(L1)$_2$]-Br$_2$·CH$_3$CN（C$_{52}$H$_{43}$Ag$_2$N$_{13}$Br$_2$）理论计算值：C，50.96%；H，3.54%；N，14.86%。实测值：C，51.02%；H，3.75%；N，14.98%。^{1}H-NMR（400 MHz，CD$_3$CN，25 ℃）：δ = 8.86（s，H6′，2H），8.70~8.65（m，6H，H6/H3a′/H3a），8.44~8.37（m，8H，H3/H3′，H4a/H4a′），7.94~7.89（m，4H，H4′/H5a′），7.52~7.50（m，4H，H4/H6a），7.51（d，J = 1.6 Hz，4H，Ha），7.44~7.41（m，4H，H5′/H6a′），5.45（s，4H，CH2），5.43（s，4H，CH2）。^{13}C-NMR（100 MHz，CD$_3$CN，25 ℃）：δ = 158.6，152.9，152.4，149.8，149.2，138.0，137.8，133.3，124.8，122.5，121.2，121.1，51.7。

[Ag$_2$(L1)$_2$](PF$_6$)$_2$（8b）：产率为 58 mg，86%。熔点 > 300 ℃。[Ag$_2$-(L1)$_2$](PF$_6$)$_2$（C$_{50}$H$_{40}$Ag$_2$F$_{12}$N$_{12}$P$_2$）理论计算值：C，45.68%；H，3.07%；N，12.79%。实测值：C，45.41%；H，3.21%；N，12.48%。^{1}H-NMR（400 MHz，CD$_3$CN，25 ℃）：δ = 8.65（d，J = 4.8 Hz，4H，H6′/H3a），8.49（s，4H，H6/H3a′），7.74~7.71（m，8H，H3/H3′，H4a/H4a′），7.66~7.62（m，4H，H4′/H5a′），7.50~7.48（m，4H，H4/H6a），7.19（s，4H，Ha），7.18~7.17（m，4H，H5′/H6a′），5.07（s，8H，CH$_2$）。^{13}C-NMR（100 MHz，CD$_3$CN，25 ℃）：δ = 149.2，149.1，137.5，137.2，129.3，124.2，122.7，120.7，120.6，50.0，39.5。未观察到卡宾信号。

[Ag$_2$(L1)$_2$](BPh$_4$)$_2$·2CH$_3$CN·H$_2$O（8c）：产率为 37 mg，60%。熔

点 >300 ℃。[$Ag_2(L1)_2$](BPh_4)$_2$·CH_3CN（$C_{100}H_{83}Ag_2N_{13}B_2$）理论计算值：C，70.48%；H，4.91%；N，10.68%。实测值：C，70.32%；H，4.91%；N，10.58%。^1H-NMR（400 MHz，CD_3CN，25 ℃）：δ = 8.27（d，J = 4.2 Hz，4H，H6′/H3a），8.16（s，4H，H6/H3a′），7.79~7.75（m，8H，H3/H3′，H4/H4a′），7.68~7.62（m，4H，H4′/H5a′），7.56~7.50（m，4H，H4/H6a），7.26（s，40H，BPh_4），7.19（s，4H，Ha），7.01~6.97（m，2H，H6a′），6.85~6.82（m，2H，H5′），5.37（s，4H，CH2），5.27（s，4H，CH2）。^{13}C-NMR（100 MHz，CD_3CN，25 ℃）：δ = 159.4，149.4，149.3，148.7，148.6，148.5，148.4，137.5，137.2，136.8，136.7，136.6，135.4，124.4，124.3，122.5，121.6，120.8，120.7，117.8，65.2，52.2。

3.2.4.3 配合物{[$Ag_3(L1)_2$](PF_6)$_3$·$4CH_3CN$}$_n$（9）的制备

向 LBr（50.0 mg，0.103 mmol）乙腈（20 mL）溶液中加入过量的 $AgPF_6$，该混合物在室温下继续搅拌有黄色沉淀生成（60 mg，68%）。熔点 >300 ℃。[$Ag_3(L1)_2$](PF_6)$_3$（$C_{50}H_{40}Ag_3N_{12}OF_{18}P_3$）理论计算值：C，37.93%；H，2.55%；N，10.61%。实测值：C，38.11%；H，2.57%；N，10.72%。由于稳定性不好，未得到满意的核磁谱图。

3.3 结果与讨论

3.3.1 配体及配合物的合成与表征

按照以前文献报道的方法，将 5-溴甲基-2,2′-联吡啶和咪唑置于乙腈中反应，制备配体溴盐 N，N′-bis[5-(2,2′-bipyridyl)methyl]imidazolium bromide（LBr），其结构如图 3-2（a）所示。不同阴离子的配体可通过交换的方法制得：向其中分别加入过量的 NH_4PF_6 或 $NaBPh_4$，可以依次得到中等产率（51%~60%）的 LPF_6 和 $LBPh_4$ 白色固体粉末。核磁谱图证明了配体的生成，咪唑中酸性 CH^+ 质子峰出现在 9.44 ppm 处。桥联基团亚甲基质子峰出现在 5.56 ppm 处。

单核配合物[Ag(L1)$_2$]Br（7）是通过 LBr 与氧化银按配体与银离子 2∶1 的比例在乙腈中及室温下反应制得的，且得到无色的配合物 7 晶体。类似地以

PF$_6^-$或 BPh$_4^-$为阴离子的单核配合物亦可以用相同的方法制备。双核配合物[Ag$_2$(L1)$_2$]X$_2$[X = Br(8a), PF$_6$(8b), BPh$_4$(8c)]是通过 LX 与新制备的氧化银按照配体与银离子 1∶1 的比例发生反应,得到白色固体粉末。这些配合物通过乙醚向其乙腈溶液中扩散,得到进一步的纯化,且分离得到无色晶体。

此外笔者还发现配合物 7 也可以通过 8a 在光照的条件下与甲醇发生银镜反应而得到。可以发现在管壁上附着一层银镜。因此,推测在 8a 配合物表面发生了银镜反应而消耗了银离子得到配合物 8,但在避光的条件下不会产生此现象,这证明了银镜反应的发生。为了进一步证明此实验现象,我们将 8a 溶于乙腈中,在光照的条件下配合物分解导致很少的银黑沉积在试管底部,如图 3 – 2(b) 所示。

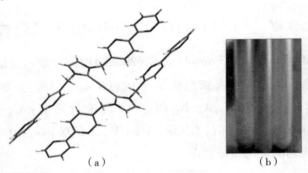

图 3 – 2 银配合物

注:(a)配合物 7 的晶体结构;(b)在甲醇溶液中,发生在 8a 表面的银镜反应。

这些银配合物溶解性很差,只微溶于甲醇和乙腈,在其他强极性溶剂如 DMSO 和 DMF 中会分解变黑。氢谱中咪唑 CH$^+$(NCHN)质子峰的消失证明了银配合物的生成,相对应的碳谱也表现出卡宾的峰(NCN – Ag),配合物 7 出现在 155.6 ppm 处,8a 和 8c 分别出现在 158.6 ppm、159.4 ppm。比文献报道的单核和双核的 NCN – Ag 核磁位移峰低(160 ~ 210 ppm)。但 8b 卡宾的峰未表现出来,同样的结果文献也有所报道,并将其归结于卡宾配合物的流变行为。配合物 7 的氢谱也相对简单地表现为高度的对称,产物单一表现为一组尖锐的 CH$_2$ 质子峰(4.93 ppm)。相比之下,对称性较低的配合物 8a(5.43 ppm、5.45 ppm)、8c(5.37 ppm、5.27 ppm)的亚甲基 CH$_2$ 桥联基团分别裂分为两组峰。同时晶体结构也很好地证明了单核及双核配合物的生成。

在双核配合物 8a~8c 中,配体中一个联吡啶是自由的,可以与第二个金属发生配位。因此,笔者试图用单核及双核的[$Ag_2(L1)_2$]X_2或[$Ag(L1)_2$]Br 配合物作为金属配体继续与其他金属相互作用而制备异核金属配合物,但遗憾的是我们的尝试未成功。然而笔者通过[$Ag_2(L1)_2$](PF_6)$_2$(8b)与过量的 $AgPF_6$ 反应获得了同核的聚合物{[$Ag_3(L1)_2$](PF_6)$_3$·4CH_3CN}$_n$(9),并结晶为浅黄色的晶体。配合物 9 在固态下是稳定的,但暴露在空气和光照下其溶液会很快变质,由原来的淡黄色变为褐色。通过单晶衍射结果可了解到在固态结构中[$Ag_2(L1)_2$](PF_6)$_2$ 由一价银离子连接而形成一维无限链,通过阴离子 PF_6^- 和 CH_3CN 溶剂的氢键作用进一步组装成 3D 聚合物。

3.3.2　配合物固态性质的研究

无色块状晶体[$Ag(L1)_2$]Br(7)、[$Ag_2(L1)_2$]X_2(X = Br,8a;PF_6,8b)以及淡黄色晶体[$Ag_2(L1)_2$](BPh_4)$_2$(8c)和{[$Ag_3(L1)_2$](PF_6)$_3$·4CH_3CN}$_n$(9)都是通过乙醚缓慢扩散到乙腈溶液中得到的。配合物 7 以配体与金属按 2∶1 的比例形成线性配位模式,配位基团为两个卡宾,其使两端的联吡啶基团闲置。双核的 8a~8c 是同晶异质的,表现为 2∶2 的比例结构。银离子采取三配位方式与其中一个配体的联吡啶的两个氮原子以及另一个配体的卡宾发生配位,使其处于扭曲平面结构。因此,8a、8b、8c 配合物可以看成是二聚物。像上面提到的,每一个配体都有一个联吡啶基团未发生配位,因此可以参与与其他金属的配位。因此通过加入额外的银盐的方法笔者获得了配合物 9。8a 的晶体数据较差不予讨论,这里只详细地讨论配合物 7、8b、8c 以及配合物 9。这些化合物清楚地证明了银离子的多种配位方式,从二配位到四配位方式,带来了丰富的结构——从线性结构的 7→三角平面结构的 8a~8c→四方平面结构的 9。

3.3.2.1　[$Ag(L1)_2$]Br·H_2O(7)

单核配合物 7 以单斜晶系 $C2/c$ 空间群结晶,在一个不对称单元中含有半个阳离子和一个溴阴离子。溴存在无序情况而该溴同时占有两个位置,因此将其分成两部分,占有率各占 0.25。银原子位于晶体的反演中心,采取完美的线性二配位方式,其中 Ag—C 键长为 2.069(6)Å,这比银和碳共价半径之和短得多(2.111 Å),且与文献报道的银卡宾配合物键长相似。如图 3-3 所示,同一个配体的两个联吡啶基团指向相反的方向,两个咪唑环共平面,这与文献报道的{[(pyCH$_2$)$_2$ – im]$_2$Ag}Cl 和 {[1 – Mes – 3 – (N – CH$_2$CONHPh)im – 2 – ylidene]$_2$Ag}Cl 银卡宾配合物截然不同,在文献报道的这两个配合物中,两个咪唑环不是共平面的(存在一定的夹角),这个二面角分别为 5.2°和 57.7°。在拓展结构中,重复单元[L$_2$Ag]通过 C—H…O [2.88(2) Å]和 C—H…Br[从 3.52 Å 到 3.72(9) Å]的氢键作用沿着 a 轴形成一维绳状。

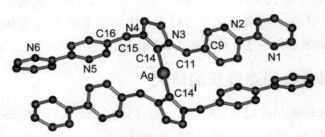

图 3 – 3　配合物 7 的结构

注:存在的不对称操作:^{i} 2.5 – x, 0.5 – y, 1 – z;选择性键长键角:Ag—C14 为 2.069(6) Å, C14—Ag—C14^i 为 180°, N3—C11—C9 为 113.6(4)°, N4—C15—C16 为 112.0(5)°。

3.3.2.2　[Ag$_2$(L1)$_2$](PF$_6$)$_2$(8b)

双核配合物 8b 同样以单斜晶系 $P2_1/c$ 空间群结晶。在此晶体结构中不存在溶剂分子,一个不对称单元中含有一个单核的[Ag(L1)](PF$_6$)单元,PF$_6^-$ 阴离子为对阴离子。配合物 8b 结构描述如图 3 – 4 所示,中心金属银原子以三配位的方式参与配位,采取三角平面结构,在这个结构中包含两个来自联吡啶基团的氮原子(N5 和 N6)以及来自另一个配体的卡宾原子(C14),二聚物结构是通过(1 – x, 1 – y, – z)方式对称操作出来的。在银原子的配位环境中,银原子偏离以(N5^i, N6^i, C14)原子组成的平面 0.164 Å,但咪唑环与这个配位平面近乎垂直,二面角为 77.9°。未参与配位的联吡啶基团形成 10.9°的二面角而不共平面。值得注意的是,此双核配合物的配位模式与前面报道的二价铁或二价铜的三股螺旋的六配位截然不同。在三螺旋配合物中,末端的联吡啶基团全部参与二价金属的配位,但是中心桥联基团咪唑不参与配位。

银卡宾配合物的键长[Ag—C14,2.073(10) Å]比配合物 7[2.069(6) Å]

稍长,其中银联吡啶中的银—氮键长为:Ag—N5,2.331(9) Å;Ag—N6,2.248(10) Å,都处于 Ag—N 键长的正常范围内。$N5^i$ – Ag – $N6^i$ 的夹角为 71.0(3)°,比报道的银联吡啶配合物稍小些。配合物 7 的配体中联吡啶采取反式排布,而 8b 中的配体以伪对称排布(避免空间排斥作用),两个联吡啶基团位于咪唑环的同一侧,呈"C"构型排布。参与配位的联吡啶基团更向中心咪唑环平面靠拢[N4—C15—C16 (109.5(8)°)],而未参与配位的联吡啶基团离中心咪唑平面稍远些[N3—C11—C9 (112.5(9)°)]。自由联吡啶基团中的吡啶环与螯合金属环间存在 π – π 堆积作用(中心间距为 3.677 Å,二面角 10.83°,图 3 – 4),致使自由的联吡啶基团采取如此拥挤的排布方式。配合物 8b 中的 Ag⋯Ag 间距离为 6.14 Å,超出了银和银间的作用范围。配合物 8b 以无限链的方式存在于固体中,主要通过配体与 PF_6^- 之间的一系列的 C – H⋯F (3.06 ~ 3.66 Å)氢键作用连接。

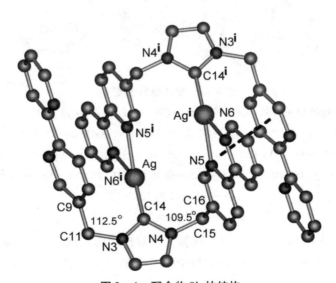

图 3 - 4 配合物 8b 的结构

注:存在的不对称操作:$^i 1 - x, 1 - y, -z$;选择性键长键角:Ag—C14 为 2.073(10) Å, Ag—N5 为 2.331(9) Å,Ag—N6 为 2.248(10) Å,C14—Ag—$N5^i$ 为 139.7(3)°, C14—Ag—$N6^i$ 为 147.1(3)°,N5—Ag—N6 为 71.0(3)°。

3.3.2.3 [Ag$_2$(L1)$_2$](BPh$_4$)$_2$·2CH$_3$CN·H$_2$O (8c)

淡黄色块状晶体 8c 以单斜晶系 $P2_1/c$ 空间群结晶。与配合物 8b 不同的是,在该不对称单元中包含完整的[Ag$_2$(L1)$_2$](BPh$_4$)$_2$分子,不存在对称性,含有两分子的乙腈及一分子的水。

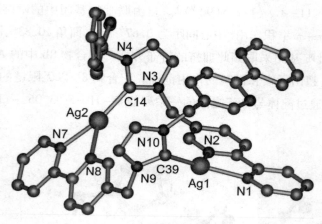

图 3-5 配合物 8c 的结构

注:选择性键长键角:Ag1—C39 为 2.070(8) Å, Ag2—C14 为 2.064(9) Å, Ag1—N1 为 2.261(7) Å, Ag1—N2 为 2.383(7) Å, Ag 为 2—N7 为 2.214(8) Å, Ag2—N8 为 2.397(7) Å; C39—Ag1—N1 为 156.6(3)°, C39—Ag1—N2 为 128.8(3)°, C14—Ag2—N7 为 157.8(3)°, C14—Ag2—N8 为 130.0(3)°, N1—Ag1—N2 为 72.3(3)°, N7—Ag2—N8 为 72.2(3)°。

如图 3-5 所示,产物 8c 也表现为二聚双核结构,在该结构中每个一价的银离子都采取扭曲的三角平面结构,每个中心金属离子与其中一个配体的 2,2'-联吡啶以及与另一个配体的卡宾进行三配位方式配位。Ag-carbene(Ag—C14)平均键长为 2.067(9) Å,N—Ag—N 键角为 72.3(3)°,比配合物 8b 的要大些。在 8c 结构中也存在与 8b 相类似的情况,Ag1 原子背离其所在的配位平面(N1, N2, C39) 0.157 Å,但是 Ag2 原子与其所在的配位平面(N7, N8, C14)共平面。此外,咪唑环也分别与两个配位平面近似垂直,二面角为 83.3° 和 87.7°。同时在未参与配位的联吡啶基团中的两个吡啶环也不共平面,分别成

6.9°和15.1°的二面角。然而,在固体结构8b和8c中仍有区别,在配合物8c中配体采取"C"构型,两配体以交叉的方式围绕Ag^I参与配位,这与前面的配合物中配体所采取的排布方式截然不同。两个自由的联吡啶基团彼此之间呈垂直排布,而在8b中呈平行排布。这可能是由于配合物阴阳离子间的作用导致的。在配合物8b中,联吡啶基团与阴离子PF_6^-以CH⋯F氢键的方式相互作用,在8c中配体与阴离子BPh_4^-间存在很强的CH⋯π相互作用,较大的BPh_4^-带来很大的空间位阻,致使联吡啶基团以直角方式排布。毗邻的配合物以C—H⋯N[3.22 Å和3.47(8) Å]氢键和C—H⋯π(3.4~3.5 Å)作用相连接。

3.3.2.4 $\{[Ag_3(L1)_2](PF_6)_3 \cdot 4CH_3CN\}_n$ (9)

空气中稳定的淡黄色晶体$\{[Ag_3(L1)_2](PF_6)_3 \cdot 4CH_3CN\}_n$是通过乙醚缓慢扩散到乙腈溶液中获得的。一维无限链的配合物9中的重复单元包含三个一价的银离子、两个配体、三个对阴离子PF_6^-以及四个乙腈分子。中心金属银离子通过配合物8a~8c中未参与配位的联吡啶基团桥联起来,该对称结构中显示出两种截然不同的银配位方式。其中Ag1原子采取三配位的方式以三角平面结构参与构筑配合物,与前面配合物相同的配位环境,由其中一个配体的联吡啶的两个氮原子N1和N2以及另一个配体的卡宾原子C14组成。两个Ag—N_{bpy}键长归于吡啶银配合物,正常范围内为2.322(6) Å和2.301(5) Å。而Ag—C_{im}键长为2.092(6) Å,也落在正常银卡宾配合物范围内。N2—Ag1—N1的夹角[71.32(19)°]比配合物8b稍大。第二个银原子采取四配位方式参与组装,配位环境由两个独立的联吡啶提供四个氮原子,在该部分$\tau_4 = 0$,表现为完美的四方平面结构。这与常规的联吡啶银配合物(一般情况都采取扭曲的四面体配位)非常不同。Ag—N_{bpy}键长范围为2.33(6)~2.37(9) Å,N—Ag—N键角分别为70.3(2)°和109.7(2)°。

与二聚物8b~8c相比,在配合物9的配体中,所有的配位点均参与配位。配合物9的主体部分与配合物8b有些像,但在配合物9中双核单元通过自由的联吡啶端基与额外的银离子配位而进一步拓展为配位聚合物。在配合物9的一维链状结构中,两个三配位的银原子和一个四配位的银原子采取轮流交替的方式形成一维无限链(图3-6)。金属离子$Ag^{(I)}$以"之"字形排布,Ag—Ag—Ag键角为113.2°和180°,Ag—Ag的距离分别为5.16 Å[Ag1⋯$Ag2^{(II)}$]和

5.93 Å[Ag1$^{(I)}$⋯Ag2]。层与层之间通过配体与 PF$_6^-$ 或 CH$_3$CN 分子的 CH⋯F (3.17~3.51 Å)及 CH⋯N(距离 3.40~3.56 Å)氢键连接,因此一维无限链进一步组成二维层状。Ag1⋯Ag2 间最短距离为 5.16 Å,比配合物 8b 稍短。

  文献报道的聚合物银多以弱的 Ag⋯Ag 作用或者是通过含卤素基团参与而形成一维"之"字链,而在本书报道中的配合物 9 是通过金属配体 8 中未参与配位的联吡啶基团进一步与银共价而形成的。在配合物 9 中配体以饱和配位方式存在:三配位方式中的一价银离子与许多一价银聚合物类似,表现为扭曲的 Y-(或 T-)型配位结构,而四配位方式的一价银离子部分与席夫碱一价银聚合物相一致。

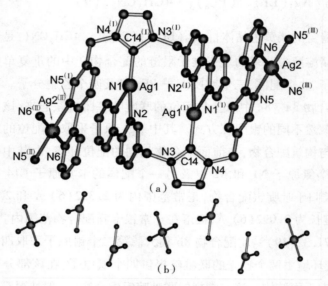

图 3-6 配合物 9 的结构

注:存在的不对称操作:$^{(I)}$ $x, y, -1+z$; $^{(II)}$ $1-x, 1-y, 1-z$; $^{(III)}$ $1-x, 1-y, 2-z$;选择性键长键角:Ag1—C14 为 2.092(6) Å, Ag1—N1 为 2.301(5) Å, Ag1—N2 为 2.322(6) Å, Ag2—N5 为 2.328(6) Å, Ag2—N6 为 2.368(9) Å; C14$^{(I)}$—Ag1—N1 为 146.0(2)°, C14$^{(I)}$—Ag1—N2 为 141.5(2)°, N2—Ag1—N1 为 71.32(19)°, N5—Ag2—N6 为 70.3(2)°, N5$^{(III)}$—Ag2—N6 为 109.7(2)°, N5—Ag2—N5$^{(III)}$ 为 180°, N6—Ag2—N6$^{(III)}$ 为 180°。

  本书报道了氮杂环卡宾衍生物作为配体与一价金属银形成一系列新颖同

核配合物。所有配合物在固体状态下,都对空气、光稳定,但配合物 9 在溶液状态下易变黑,有银黑沉于管底。此外,在构筑这些单核、双核、多核配合物时,笔者发现配体与银的比例、溶剂在对抗阴离子方面起着至关重要的作用。像前面提到的,控制 M 和 L 的比例可以生成 1∶2（7）,2∶2（8a～8c）和 3∶2（9）配合物,还发现卡宾亲银能力比联吡啶强,这些配位点与银的配位能力体现为 $AgC_2 > AgCN_2 > AgN_4$。这些类似的现象也可以在吡啶修饰的 Ag–NHC 卡宾银配合物中发现。溶剂对配合物的生成也有很大的影响,质子性甲醇溶剂的存在有利于双核配合物 8a 转化为单核配合物 7。最后,尽管 8a～8c 为同晶异质的双核结构,阴离子的不同导致在结构上有明显的差异。结构上的多样性可以带来不同的物理和化学性质,如下面的荧光研究。

3.3.3　荧光性质的研究

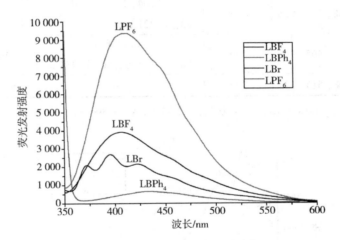

图 3–7　室温下配体的固体荧光谱图

注:LBF_4(λ_{ex} = 343 nm),LPF_6(λ_{ex} = 417 nm),$LBPh_4$(λ_{ex} = 375 nm)
和 LBr（λ_{ex} = 390 nm）。

具有 d^{10} 电子构型的银离子与具有 π^* 轨道的配体可以产生金属到配体的电子转移（MLCT）和/或配体内的电子转移（IL）而产生发光性质,Ag–NHC 配合物也表现出有趣的光谱性质,其中配体的构型对电子转移有很大的影响。本书研究了卡宾桥联的联吡啶（不同阴离子）配体以及银配合物在室温下的固体荧光性质,如图 3–7 所示。同类的 NHC 配体的固体荧光性质也有报道。

LBPh$_4$配体表现为在波长为 465 nm (λ_{ex} = 375 nm)处,出现非常弱且宽的发射峰,而 LPF$_6$ 在 417 nm (br)处表现出较强的荧光性质,LBF$_4$ 在 404 nm (br)分别以 350 nm 和 343 nm 作为激发波长。值得注意的是:配体 LBr 表现出三组发射峰(402 nm,425 nm,452 nm)。将这些峰归结为配体的 $\pi^* \to \pi$ 电子转移作用。很明显地可以看出,阴离子对配体的激发态有影响,进而对荧光性质产生更大的影响。

表 3-2 银配合物的荧光数据

配合物	$\lambda_{em}^{a,b}$/nm	$\lambda_{em}^{a,b}$/nm	荧光寿命^{a,c}/ns	λ_{em}^{d}/nm
7	480	390	0.84, 3.31, 9.44 (λ_{ex} = 315 nm; λ_{em} = 415 nm)	452
8a	469	390	0.75, 3.33, 9.74 (λ_{ex} = 358 nm; λ_{em} = 441 nm)	466
8b	508, 532, 638	415	8.64, 1.10, 30.00 (λ_{ex} = 321 nm; λ_{em} = 417 nm)	448
8c	465	390	2.13, 6.71 (λ_{ex} = 357 nm; λ_{em} = 434 nm)	456, 475, 495
9	488, 515, 624	399	—	508, 589, 617

注:^{a} 室温;^{b} 固体状态;^{c} 溶液状态;^{d} 在 77 K,λ_{ex} = 390 nm。

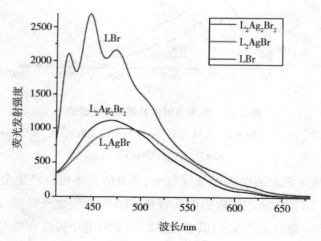

图 3-8 固体荧光

注:配体 LBr,配合物 7 和 8a(λ_{ex} = 390 nm)。

像上面提到的那样：五个一价银配合物的荧光性质可归于配体配位后结构的变化。配合物 7、8a 和 8c 的发射峰的波长位于可见光区，显蓝色荧光。配合物 7 在 390 nm 波长的光去激发在 480 nm 波长处的峰，产生一个宽的发射峰，不同于配体在 425 nm 处出峰（图 3 - 8）。如表 3 - 2 所示，配合物 8a 及 8c 用 390 nm 波长激发，分别得到在 469 nm 和 465 nm 处较强的发射峰。与配体相比，荧光信号归为配体的 $n - \pi^*$ 或 $\pi - \pi^*$ 电子转移过程。对于配合物 8b 和 9 来说，有三组发射峰分别位于 508 nm、532 nm 和 638 nm（8b）处，488 nm、515 nm 和 624 nm（9）处，分别以 415 nm 和 399 nm 为激发波长。在 532 nm 和 515 nm 处的发射峰归为分子内的金属扰动的结果，而在 400～490 nm 范围内的具有较高能量的发射峰被认为是分子内的 $\pi - \pi^*$ 电子传递结果。8b 和 9 分别在 638 nm 和 624 nm 处的发射峰归为金属到配体的电子转移过程（MLCT），这与文献报道的银配合物 $[Ag_2L1_2(ClO_4)_2]$（L1 = 4,5 - diazo - spirobifluorene，类似联吡啶配体）的荧光性质相似。分子内的配体间的 $\pi - \pi^*$ 作用使配合物 8a、8c 和 7 在这个区域内没有荧光发射。与绝大多数的具有 Ag—Ag 键的配合物荧光性质不同，本书报道的配合物的荧光反映了配体结构的扰动。值得一提的是，很少有报道含一价银的配位聚合物固体荧光出现在 600 nm 以上的。与配体相比，配合物的荧光强度要弱得多（见附图），可能的原因是金属的参与使配体的刚性环境有所改变或者是银的重原子效应。文献报道大部分金属银的配合物在低温情况下才有荧光发射，仅有很少的单核配合物和聚合物在常温下显示较强的荧光。

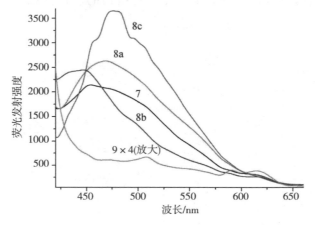

图 3 - 9　在 77 K 下的配合物固体荧光（λ_{ex} = 390 nm）

对金属银的配合物的固体荧光性质做了低温研究,发现和常温的发射行为相比,如图3-9所示,配合物7和8b较高能量的发射峰(分别为452 nm,448 nm)发生蓝移(20~60 nm),而8a、8c和9发生红移并伴随着峰强度的增强而增强。这些结果可能是因为当温度降低,分子内的热能降低而减弱配体的活动,从而增加稳定性。配合物9的MLCT谱峰变得更尖锐且发生红移。配合物8a~8c具有相似的结构,但阴离子表现出不同的荧光性质,8a和8b峰宽,8c峰宽且有两个肩峰,这可能与对阴离子的大小及与配体间作用强弱有关,配位的刚性环境不同带来的荧光也不同。在常温条件下,对配合物的荧光寿命亦做了研究,发现在乙腈溶液中,配合物7、8a和8b符合三次指数衰减,且8a的荧光寿命比其他的要长。相比之下,配合物8c更符合二次指数衰减,这与文献报道的大多数Ag-NHC配合物类似。由于溶解性的问题,配合物9的荧光寿命未测。此外,还发现这些配合物没有磷光。

3.4 小结

本章报道了咪唑桥联的联吡啶配体的一价金属银的配合物的合成、结构以及荧光性质。通过控制金属银与配体的比例,可以逐步生成1∶2(7)、2∶2(8a~8c)和3∶2(9)的配合物,在这些配合物中卡宾优先于联吡啶与银配位。因此,在7和8a~8c配合物中,配体存在不完全配位的情况(一个或两个联吡啶未参与配位),然而在配合物9中所有的配位点均参与配位。此外,对阴离子和溶剂对配合物的结构也有很大的影响。配合物结构的多样性在光谱性质中也有体现。

第4章 基于苯并冠醚修饰的二-联二脲受体的阴阳离子对控制三螺旋合成

4.1 引言

关于螺旋结构的研究很多,研究者通过设计合适的配体和金属离子结合,形成螺旋结构。这些金属螺旋结构具有特定的配位几何形状、氧化还原反应活性、光磁性质以及复杂的手性。稳定的金属螺旋体可保持其结构的刚性,通过光学拆分技术将立体异构体进行分离提纯。反之,不稳定的金属螺旋体可通过外部刺激来影响分子间的非共价相互作用力,达到不同结构之间动态转换的目的,这些功能在纳米科学技术中具有广阔的应用前景。

螺旋结构普遍存在于大自然和人们的生活中,例如 α-螺旋蛋白(单螺旋)、DNA(双螺旋结构)、胶原蛋白(三螺旋)。为了模拟这些生物大分子的结构与功能,化学家们利用金属配位作用、氢键作用、π-π 堆积作用和盐桥效应等手段来合成螺旋形状的分子。金属模板螺旋的研究,即由有机多齿配体与多个金属中心配位构建的螺旋化合物,是近年来的研究热点。这些简单的螺旋结构可以应用于仿生模拟和手性功能材料合成中。其中,吡啶类配体常用于螺旋结构的制备。利用这类配体与过渡金属进行组装,人们得到了大量双螺旋、三螺旋以及环状双螺旋结构。

近年来,人们对阴离子在生物、医药以及环境科学方面的认识不断增强,阴离子识别与组装的研究备受瞩目。由于阴、阳离子配位的相似性,一些过渡金属配位研究中常用的典型概念,例如配位构型和配位数,同样适用于阴离子配位化学的研究。同时,像阳离子模板一样,阴离子模板也被应用于合成一系列新颖的功能性化合物的研究中来。例如,阴离子可以很好地合成大环化合物、索烃、轮烷以及一些金属螺旋化合物。但是相对于海量报道的金属螺旋化合物,阴离子螺旋的合成非常少见,直至二十世纪九十年代末才有所报道,1996年,de Mendoza 等人利用胍盐配体与 SO_4^{2-} 配位合成了双螺旋结构;Kruger 等人报道了 Cl^- 络合的吡啶盐配体双螺旋;Gale 等人合成以 F^- 为模板的中性胺配体双螺旋;Haketa 等人于 2011 年报道了 Cl^- 模板的寡吡咯配体双螺旋结构。这些配合物均通过配体与阴离子间较强的氢键作用而使配体围绕配体形成双螺旋结构,就好像金属螺旋中的共价作用一样,使其稳定存在于溶液中。

  阴离子螺旋化合物非常罕见,主要是因为螺旋自组装体系的复杂性。在该组装过程中,不仅要求受体位点与阴离子中心高度的匹配性和亲和性,还需要合适的基团将功能位点恰当地连接起来,以满足构筑螺旋结构的基本需求。

  笔者一直致力于多脲配体与四面体阴离子硫酸根、磷酸根的配位与组装研究。考虑到阴、阳离子配位的相似性,笔者模拟三联吡啶(tpy)骨架合成了三联脲受体。该受体与四面体的磷酸根结合时表现出极佳的互补效应。在得到的 2∶1 比例的阴离子络合物 $[PO_4 5_2]_3$ 中,该组装模式非常类似于常见的 $[M(tpy)_2]^{n+}$ 络合物。在 $[PO_4 5_2]_3$ 中,磷酸根阴离子被来自六个脲基团的十二条氢键键合,在 $[M(tpy)_2]^{n+}$ 中,六个吡啶基团满足了金属中心的六配位需求。这一现象体现在单脲基团与磷酸根结合时,其络合方式和理念类似于单吡啶基团与金属中心的配位。因此,笔者认为联吡啶 – 金属与联二脲 – 阴离子配位应该也是相似的,基于这一想法,最近,笔者合成的乙烷桥联的二 – 联二脲受体与磷酸根配位形成了首例阴离子模板的三螺旋 $[(PO_4)_2 5_3]^{6-}$。核磁表征发现,配体中的全部 NH 质子由于参与配位全部向低场发生很大的位移,同时质子控制的解旋和螺旋以及 2D 扩散谱也证明了这种三螺旋结构在溶液中可以稳定存在。但在三螺旋制备过程中,为了使磷酸盐溶解性增加需额外引入大量的冠醚,事实上主客体化学最初的研究模型就是基于冠醚类配体展开的,冠醚对阳离子 K^+、Na^+ 有着很好的结合,因此笔者试图将配体末端的硝基苯基团用苯并冠醚基团取代,从而无须额外引入冠醚,完成阴阳离子同时包夹,期望亦能得到三螺旋结构。因此,本章内容是基于实验室原有研究的基础上,针对阴阳离子对螺旋结构诱导的研究。

4.2 实验部分

4.2.1 药品和测试仪器

4-硝基苯-18-冠醚-6,4-硝基苯-15-冠醚-5,磷酸钾、磷酸钠、2-硝基-异氰酸酯、4-硝基-异氰酸酯以及其他溶剂和化合物都是分析纯,商业途径购买,并直接使用。^1H-NMR 和 ^{13}C-NMR 谱图由 Varian Mercury plus-400 核磁共振波谱仪检测,分辨率分别为 400 MHz 和 100 MHz,并以 TMS 为内标。所有 ^1H-NMR 滴定除特殊注明外,都是在 DMSO-d_6/5% H_2O 环境下进行的。元素分析数据由 Elemental Vario EL 元素分析仪测得。IR 光谱由 Bruker IFS 120HR 光谱仪测得。熔点由 X-4 数字显微熔点仪测得。

4.2.2 实验基本操作

4.2.2.1 单晶结构解析

X 射线衍射数据在 Bruker SMART APEX Ⅱ 单晶 X 射线衍射仪上完成。用经过石墨单色器单色化的 Mo-Kα 射线(λ = 0.71073 Å),在 293 K 下以 $\omega-2\theta$ 扫描方式收集衍射数据。运用 SADABS 程序进行经验吸收校正。应用 SHELXS 程序的直接法解析结构。所有非氢原子采用 SHELXL 程序全矩阵最小二乘法进行各向异性精修,与其相连接的氢原子都由理论加氢程序找出(热参数当量 1.2 倍于与其连接的母体非氢原子)。

{Na_3[(PO_4)($L3$)$_2$]}$_n$:($C_{100}H_{128}N_{16}O_{36}PNa_3$)$_n$,白色块状,三斜晶系,$P-1$ 空间群,a = 15.932(4) Å,b = 18.902(4) Å,c = 26.417(6) Å,α = 110.437(3)°,β = 98.986(3)°,γ = 94.064(3)°,V = 7295(3) Å^3,T = 153(2) K,Z = 4,D_c = 1.567 g·cm^{-3},F(000) = 3408,μ = 0.574 mm^{-1},48234 refl. collected, 25071 unique (R_{int} = 0.0774), 10745 observed [$I > 2\sigma(I)$]; final R_1 = 0.2562, wR_2 = 0.3695 [$I > 2\sigma(I)$]。

4.2.2.2 ^1H-NMR 滴定

首先配制用于进行 ^1H-NMR 滴定的主体溶液(5.0 mmol·L^{-1})[DMSO-d_6/5% H_2O (V/V) 0.5 mL 体系],再配制磷酸根阴离子储备液(1 mL, 0.05~

1.00 mmol·L^{-1})[DMSO-d$_6$/40% H$_2$O (V/V)体系]。每次将少量(2~5 μL)客体离子的滴定样滴加到用 5 mm 核磁管盛装的 0.5 mL 主体储备液中。每次滴加后扫描核磁谱图并记录数据。

4.2.2.3 Job's plot 滴定

^{1}H-NMR 谱图滴定:用容量瓶分别配制主体 L (5.0 mmol·L^{-1})和客体(5.0 mmol·L^{-1})的标准 DMSO-d$_6$/5% H$_2$O(5.0 mL)溶液。然后,分别向规格为 5 mm 的核磁管中加入总体积为 500 μL 的主客体混合溶液,相应的体积比(即物质的量比)依次是(μL,主体/客体):10:0,9:1,8:2,7:3,6:4,5:5,4:6,3:7,2:8,1:9。从这些试样的检测谱图中找到 NHa 的信号峰值,按照公式:[HG] = [H]$_t$ × (δ_{obsd} - δ_{free})/(δ_{com} - δ_{free})计算对应的配合物浓度,其中[H]$_t$是体系中主体的总浓度,δ_{obsd}代表每个滴定点对应的信号峰值,δ_{free}和δ_{com}分别代表自由受体和形成配合物的信号峰值。将得到的[HG]对主体的物质的量含量作图即得 Job's plot 曲线。

4.2.3 配体及配合物的合成与表征

4.2.3.1 配体 L2 和 L3 的合成与表征

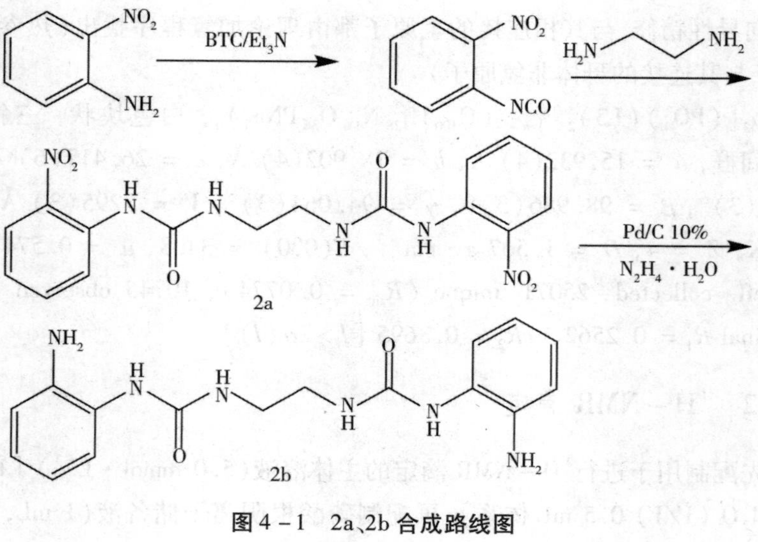

图 4-1 2a、2b 合成路线图

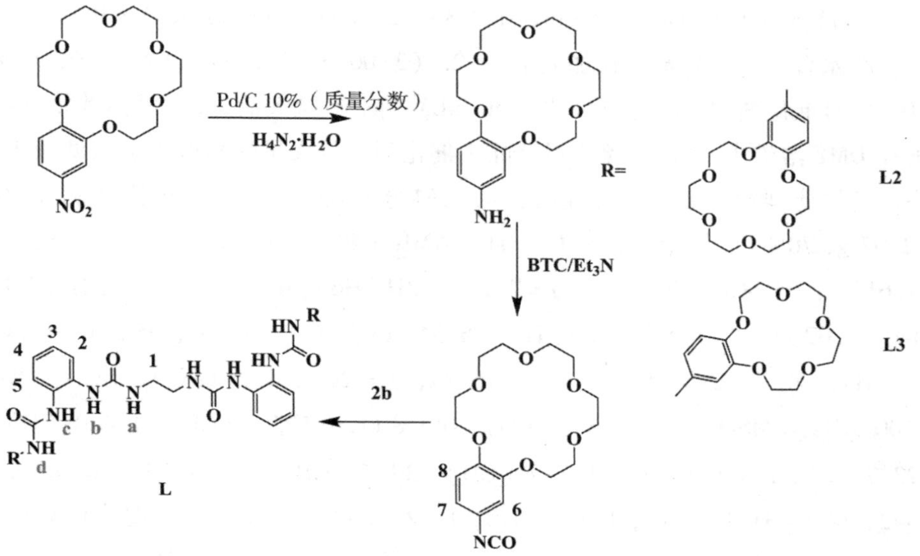

图 4-2 配体 L2 和 L3 的合成路线图

(1) 1,1′-(ethane-1,2-diyl)bis(3-(2-nitrophenyl)urea) (2a)

冰浴、氮气条件下,向三聚光气(5.8 g, 20 mmol)处理过的 CH_2Cl_2 (100 mL)溶液中滴加邻苯二胺(2.5 g, 23 mmol)和 16 mL 三乙胺的 CH_2Cl_2 (20 mL)溶液。滴加完毕后,低温下搅拌 3 h,将乙二胺(0.5 mL, 7.5 mmol)的 CH_2Cl_2 溶液滴加到上述黄色溶液中。将混合液在室温条件下搅拌 30 min,有黄色沉淀产生,过滤,分别用乙醇、乙醚洗涤黄色沉淀,干燥,得黄色固体粉末 1a (2.89 g, 99%)。熔点:240 ℃。^1H-NMR (400 MHz, DMSO-d_6, ppm): δ 9.42 (s, 2H, Hb), 8.33 (d, J = 8.4 Hz, 2H, H6), 8.06 (d, J = 8.4 Hz, 2H, H3), 7.67 (s, 2H, Ha), 7.63 (d, J = 7.6 Hz, 2H, H4), 7.13 (t, J = 7.6 Hz, 2H, H5), 3.14 (t, J = 2.8, 4H, CH2)。^{13}C-NMR (100 MHz, DMSO-d_6): 154.3 (CO), 136.7 (C), 135.8 (CH), 134.9 (CH), 125.2 (C), 121.9 (CH), 121.4 (CH), 39.5 (CH2)。IR (KBr, ν/cm^{-1}): 3339, 3093, 1655, 1566, 1503, 1341, 1264。$C_{16}H_{16}N_6O_6$ 理论计算值:C, 49.49%; H, 4.15%; N, 21.64%。实测值:C, 49.44%; H, 4.08%; N, 21.25%。ESI-MS m/z: 100%, 389.0 [M+H]$^+$; 90%, 411.2 [M+Na]$^+$; 15%, 427.1 [M+K]$^+$。

(2) 1,1′ - (ethane - 1,2 - diyl)bis(3 - (2 - aminophenyl)urea) (2b)

将水合肼(4.0 mL)滴加到含有 2a (3.00 g, 7.7 mmol)和 Pd/C 10% (0.15 g)催化剂的甲醇悬浮液中(250 mL)。回流 12 h 后,过滤固体并将其溶解在 DMF 溶液中,使用硅藻土过滤除去催化剂。将大量的蒸馏水加入滤液中,得白色沉淀,收集沉淀产物,以乙醇、乙醚分别洗涤,得到白色固体粉末 2b (2.07 g, 70%)。熔点: 163 ℃。^{1}H - NMR (400 MHz, DMSO - d_6, ppm): δ7.61 (s, 2H, Hb), 7.24 (d, J = 7.2 Hz, 2H, H6), 6.79 (t, J = 7.2 Hz, 2H, H4), 6.69 (d, J = 6.8 Hz, 2H, H3), 6.54 (t, J = 6.8 Hz, 2H, H5), 6.24 (s, 2H, Ha), 4.72 (s, 4H, Hc), 3.16 (t, J = 2.8, 4H, CH2)。^{13}C - NMR (100 MHz, DMSO - d_6): 156.1 (CO), 140.8 (C), 125.3 (CH), 124.0 (CH), 123.7 (C), 116.6 (CH), 115.7 (CH), 39.5 (CH2)。IR (KBr, ν/cm^{-1}): 3342, 3295, 3111, 1615, 1565, 1510, 1482, 1268。$C_{16}H_{20}N_6O_2$ 理论计算值: C, 58.52%; H, 6.14%; N, 25.59%。实测值: C, 58.82%; H, 5.98%; N, 25.45%。ESI - MS m/z: 100%, 329.2 [M + H]$^+$。

(3) 4 - aminobenzo - 18 - crown - 6

将水合肼(15 mL)滴加到含有 4 - 硝基苯 - 18 - 冠醚 - 6 (0.50 g, 1.39 mmol)和 Pd/C 10%(75 mg)催化剂的乙醇悬浮液中(25 mL)。回流 24 h 后,过滤除去 Pd/C。将滤液浓缩至少量,加入少许水,用 CH_2Cl_2 萃取,干燥 CH_2Cl_2 相,过滤,浓缩得到白色固体粉末 0.28 g,产率 84%。^{1}H - NMR (3400 MHz, CD_3Cl, ppm): δ 6.71 (d, J = 8.4 Hz, 1H, ArH), 6.27 (d, J = 2.4 Hz, 1H, ArH), 6.21 (dd, J = 8.4 Hz, 2.8 Hz, 1H, ArH); 4.10 ~ 4.05 (m, 4H, OCH_2); 3.91 (t, J = 8.4 Hz, 5.2 Hz, 2H, OCH_2), 3.86 (t, J = 8.4 Hz, 5.2 Hz, 2H, OCH_2), 3.76 ~ 3.68 (m, 8H, OCH_2); 3.67 (s, 4H, OCH_2), 3.49 (br s, 2H, NH_2)。

(4) 4 - aminobenzo - 15 - crown - 5

合成方法与上类似。^{1}H - NMR (400 MHz, CD_3Cl, ppm): δ6.73 (d, J = 8.4 Hz, 1H, ArH), 6.27 (d, J = 2.4 Hz, 1H, ArH), 6.22 ~ 6.19 (dd, J = 8.4 Hz, J = 2.4 Hz, 1H, ArH), 4.09 ~ 4.06 (m, 4H, OCH_2), 3.90 ~ 3.86 (m, 4H, OCH_2), 3.74 (s, 8H, OCH_2), 3.45 (s, br, 2H, NH_2)。

(5)1,1′-(ethane-1,2-diyl)bis(3-(2-(3-(benzo-18-crown-6)ureido)phenyl)urea)(L2)

冰浴、氮气条件下,向三聚光气(1.40 g,4.72 mmol)处理过的THF(50 mL)溶液中滴加4-aminobenzo-18-crown-6 (1.5 g,4.72 mmol)和4 mL三乙胺的THF溶液(20 mL)。滴加完毕后,低温下搅拌4 h后,用硅藻土过滤除去$Et_3N \cdot HCl$,然后将1,1′-(ethane-1,2-diyl)bis(3-(2-aminophenyl)urea)(2b)(0.52 g,1.57 mmol)的10 mL DMF溶液滴加到上述黄色溶液中。加热回流4 h,产生白色沉淀,过滤,甲醇、乙醚洗涤几次,干燥得白色固体粉末L1(1.3 g,80%)。熔点:215 ℃。^1H-NMR(400 MHz,DMSO-d_6,ppm):δ8.99(s,2H,Hd),8.04(s,2H,Hc),8.02(s,2H,Hb),7.70(d,J=6.8 Hz,2H,H7),7.50(d,J=6.8 Hz,2H,H8),7.20(s,2H,H6),7.08~7.04(m,4H,H2/5),6.88(s,4H,H3/4),6.70(s,2H,Ha),4.05(s,br,8H,CH2),3.79(s,br,10H,CH2),3.64~3.58(m,12H,CH2),3.42(s,br,10H,CH2),3.28(s,br,4H,H1)。^{13}C-NMR(100 MHz,DMSO-d_6):δ156.4,153.0,148.2,143.1,133.6,132.0,130.8,124.3,123.8,123.2,113.9,110.2,104.9,69.8,68.8,68.7,68.5,68.0。IR(KBr,ν/cm^{-1}):3309,3094,2931,2865,1645,1515,1260,1133,750,666。L1·H_2O($C_{50}H_{68}N_8O_{17}$)理论计算值:C,57.02%;H,6.51%;N,10.64%。实测值:C,57.22%;H,6.41%;N,10.74%。ESI-MS m/z:1057.4[M+Na]$^+$。

(6)1,1′-(ethane-1,2-diyl)bis(3-(2-(3-(benzo-15-crown-5)ureido)phenyl)urea)(L3)

合成方法与上类似,得白色固体粉末L3。^1H-NMR(400 MHz,DMSO-d_6,ppm):δ8.94(s,2H,Hd),8.01(s,2H,Hc),7.98(s,2H,Hb),7.65(d,J=8.0 Hz,2H,H7),7.41(d,J=8.0 Hz,2H,H8),7.12(d,J=1.6 Hz,2H,H6),7.06~6.96(m,4H,H2/5),6.83~6.79(m,4H,H3/H4),6.65(s,2H,Ha),3.98~3.96(m,8H,CH2),3.74(s,br,12H,CH2),3.58(s,br,12H,CH2),3.22(s,br,4H,H1)。^{13}C-NMR(100 MHz,DMSO-d_6):δ156.4,153.0,148.7,143.4,133.9,132.1,130.8,124.4,124.3,123.9,123.2,123.0,114.9,110.4,105.2,70.3,70.2,69.9,69.7,69.1,68.9,68.7,68.2。IR(KBr,ν/cm^{-1}):3347,3304,3084,2926,2865,1666,

1598，1568，1501，1336，1302。L3·H$_2$O（C$_{46}$H$_{60}$N$_8$O$_{15}$）理论计算值：C，57.25%；H，6.27%；N，11.61%。实测值：C，57.24%；H，5.97%；N，11.76%。ESI-MS m/z：90%，947.4 [M+H]$^+$；100%，969.3 [M+Na]$^+$。

4.2.3.2 配合物 10 和 11 的制备

L2（65 mg，0.063 mmol）与 K$_3$PO$_4$·10H$_2$O（5 mg，0.1 mmol）在 DMSO/CH$_2$Cl$_2$（体积比 4:1）的混合溶剂中悬浮搅拌。室温反应 2 h，得到无色清液。用乙醚向其中扩散，但很遗憾未能得到适合单晶衍射的配合物 10，得到白色粉末（56.8 mg，69%）。熔点>300 ℃。

L3（65 mg，0.069 mmol）与 Na$_3$PO$_4$（11.9 mg，0.1 mmol）在 DMSO/CH$_2$Cl$_2$（体积比 4:1）的混合溶剂中悬浮搅拌。室温反应 2 h，得到无色清液。用乙醚向其中扩散，未拿到适合单晶衍射的化合物 11，得到白色粉末（45.1 mg，61%）。熔点>300 ℃。

4.3 结果与讨论

4.3.1 阴离子化合物结构表征

笔者将 Na$_3$PO$_4$ 与 L2 以 1:1 的比例溶于 DMSO/CH$_2$Cl$_2$（V/V=4:1）中，反应得到了分子式为 {K$_3$[(PO$_4$)(L2)$_2$]}$_n$ 的一维无限的双核阴离子模板双螺旋链配合物 10′，如图 4-3 所示。其晶体是通过乙醚向其 DMSO/CH$_2$Cl$_2$ 的溶液中缓慢扩散，数周后得到的白色块状晶体，其核心结构为 [(PO$_4$)(L2)$_2$]$^{3-}$，阴离子磷酸根与两分子的配体通过 13 条氢键作用，NH···O 的键长由 2.656 Å 到 3.022 Å，平均键长为 2.817 Å，NH···O 键角从 140.9°到 177.7°，平均为 162.8°。其中一个冠醚环热振动得非常厉害，为了结构清晰而未画出。中心结构通过冠醚与金属钠连接形成一维无限链。金属钠与冠醚中的氧形成 Na—O 共价键，并以 1:1 的形式存在于晶体结构中，键长从 2.481 Å 到 2.765 Å，平均键长为 2.635 Å。此外，两个冠醚钠之间通过 C—O 相连接。

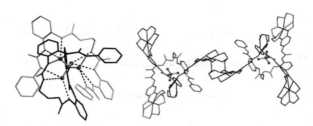

图4-3 化合物10′的晶体结构

4.3.2 溶液性质研究

4.3.2.1 配合物10

笔者利用NMR表征对配体L2与磷酸钾在溶液中的结合、组装进行了研究。首先,通过^{1}H-NMR滴定和^{31}P-NMR,笔者发现在溶液中主客体结合比存在两种状态(图4-4,图4-5)。配合物10在DMSO-d_6/5% H_2O中的^{1}H-NMR谱图显示,相对于自由受体,所有脲基团上的四个NH质子信号全部出现大的低场位移($\Delta\delta = 1.42 \sim 2.36$ ppm),证明它们全部参与了磷酸根强的氢键作用,但与下面的L2的相比,结合要弱得多。为进一步研究主客体相互作用的更多细节,在DMSO-d_6/5% H_2O (V/V)环境下,对L2进行了滴定。在^{1}H-NMR滴定中,阴离子的加入引起核磁谱图中的快交换现象,在加入等量的磷酸根以后,谱图清晰且不再变化。此时的核磁谱图特征与粉末状态下的配合物10的NMR谱图一致。其中属于末端芳基的H8质子信号则向高场位移了很小的距离($\Delta\delta = -0.35$ ppm),这意味着在溶液中三螺旋结构不能稳定存在,而是以配体与阴离子1:1的结合方式存在,这与笔者前面报道的工作不同。同时发现末端取代基冠醚环与阳离子K^+发生配位,核磁谱峰向高场位移,当加入等量的K^+后,谱图不再发生变化,从核磁谱图上可以看出冠醚与金属阳离子K^+以1:1比例结合,实现了阴阳离子对的同时包夹。

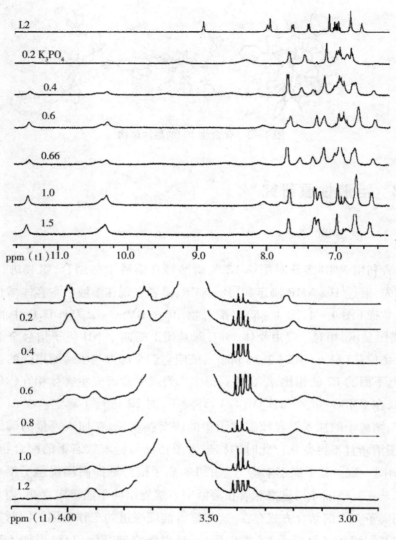

图 4-4　配体 L2 (5 mmol·L^{-1}) 的 K$_3$PO$_4$ (0.25 mol·L^{-1}) 在 DMSO-d_6/5% H$_2$O (体积比) 体系中的滴定

如表 4-1 所示，ESI-MS 结果 m/z = 1161.90 和 1142.93 为 [(PO$_4$)$_2$(C$_{50}$H$_{66}$N$_8$O$_{16}$)$_2$]$^{2-}$，m/z = 565.21 为 [(PO$_4$)(C$_{50}$H$_{66}$N$_8$O$_{16}$)]$^{2-}$，证明在溶液中主体与磷酸根多以 1∶1 结合方式存在。在磷谱中，笔者发现磷以两种状态存在，亦证明了溶液中物种不单一 (图 4-5)。

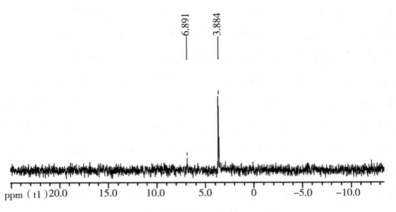

图 4-5 配合物 10 的 ^{31}P-NMR

表 4-1 配合物 10 的 ESI-MS 数据

m/z	分子式	电荷数(-)	强度(计数)
1169.39	$[(PO_4)(C_{50}H_{66}N_8O_{16})]KH$	1	1094648
1161.90	$[(PO_4)_2(C_{50}H_{66}N_8O_{16})_2]KNaH_2$	2	909871
1153.42	$[(PO_4)(C_{50}H_{66}N_8O_{16})]NaH$	1	6855090
1142.93	$[(PO_4)_2(C_{50}H_{66}N_8O_{16})_2]NaH_3$	2	382965
1131.44	$[(PO_4)(C_{50}H_{66}N_8O_{16})]H_2$	1	2043547
1113.45	$(L-K_2)$	1	1176405
1101.93	$[(PO_4)(C_{50}H_{66}N_8O_{16})_2]K$	2	731863
1093.46	$[(PO_4)(C_{50}H_{66}N_8O_{16})_2]Na$	2	6589778
1082.95	$[(PO_4)(C_{50}H_{66}N_8O_{16})_2]H$	2	6560583
1079.46	$(L-Na_2)$	1	2291181
1069.43	$[C_{50}H_{66}N_8O_{16}]Cl$	1	2649841
1033.46	$[C_{50}H_{65}N_8O_{16}]$	1	10223577
706.29	配体片段	1	672647
565.21	$[(PO_4)(C_{50}H_{66}N_8O_{16})]H$	2	44905600

4.3.2.2 配合物 11

笔者利用 ^{1}H-NMR 手段表征 L3 与磷酸钠在溶液中的结合情况（图 4-6）。^{1}H-NMR 的 Job's plot 和 ^{1}H-NMR 滴定都证明溶液中主客体络合比例为 3:2。这与配体 L2 明显不同,在加入 0.66 倍阴离子后,核磁谱图趋于稳定,NH 质子信号全部向低场位移,其位移量($\Delta\delta$ = 2.29 ~ 3.64 ppm)与前人结果类似,证明了所有 NH 参与对磷酸根的氢键结合,且芳基 H8 质子均向高场位移了不到 1 ppm($\Delta\delta$ = -0.34 ppm),与前面的工作($\Delta\delta$ = -0.72 ppm)比较发现,这里只存在较弱的屏蔽效应,这可能是末端的取代基苯并冠醚环的空间位阻作用使三螺旋结构末端结合得不如前面报道的磷酸根三螺旋结构紧密。同时 NH 质子的位移量较文献报道($\Delta\delta$ = 2.86 ~ 3.90 ppm)的低也说明了该配合物比较松散。而且也证明了更大的冠醚环空间位阻更大些,最终导致三螺旋结构不能稳定存在于溶液中。同时发现末端取代基冠醚环与阳离子 Na^+ 发生配位,核磁谱峰向高场位移,实现了阴阳离子对的同时包夹。

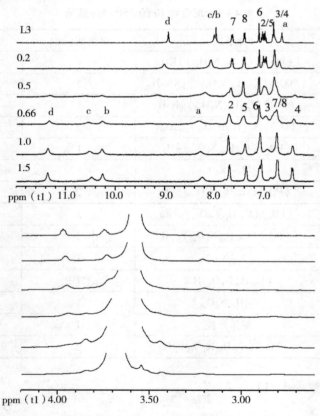

图 4-6　配体 L3(5 mmol·L^{-1})的 Na_3PO_4(0.25 mol·L^{-1})
在 DMSO-d_6/5% H_2O(体积比)体系中的滴定

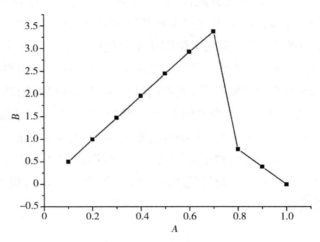

图4-7 配体 L3 与 Na_3PO_4 的 Job's plot 曲线

L3 和 Na_3PO_4 的 Job's plot 曲线也清楚地显示出,配体与磷酸根以 3∶2 的方式结合,此外通过 $^{31}P-NMR$ 也证明了只有一种物种生成,而不存在其他比例的配合物,如图 4-7 和图 4-8 所示。

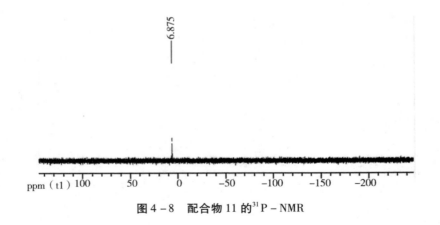

图4-8 配合物 11 的 $^{31}P-NMR$

4.4 小结

在本章工作中,鉴于阴阳离子的配位相似性,笔者模拟联吡啶配体,设计、合成了一个乙烷基桥联的二脲配体,并通过在末端引入冠醚环基团来解决钾盐、钠盐的溶解性问题,从而无须引入额外冠醚,同样在溶液中得到与 PO_4^{3-} 配位的模板组装三螺旋结构,实现了阴阳离子对的同时包夹。在实验中,笔者发现,磷酸根与配体间的氢键作用明显比前面报道的三螺旋结构弱,笔者将其归结为末端取代基较大的空间位阻,当不同尺寸的冠醚环代替硝基后,冠醚与金属阳离子 Na^+ 或 K^+ 作用,导致空间排布上很拥挤,从而使三螺旋结构更松散些。该工作同时体现了阴、阳离子络合的相似性,增进了对阴离子配位化学的理解。我们不仅可以通过模拟阳离子配体来进行阴离子受体的合成,还可以将过渡金属组装中的一些经验应用到阴离子模板合成中来,从而获得仿生特性更好的功能性化合物。

第5章 基于 C_3 对称的三-联二脲配体磷酸根四面体 A_4L_4 阴离子笼的组装

5.1 引言

自组装的多面体和球体是三维中空的结构,金属离子往往在多面体的节点上连接着处于面上和棱上的有机配体。金属离子具有严格的配位方式,这样的非共价键体系可以非常方便、稳定地用来设计合成那些传统有机化学无法合成的笼状结构。一个好的笼状结构是拥有大的稳定的空腔,并可以容纳客体分子,使之孤立于溶剂环境中,从而体现出非常特别和优异的性质。

事实上,阴离子在生物体内、环境和化学反应中起到重要的作用,因此阴离子键合及识别在近些年得到快速的发展。阴离子配位的行为与传统的过渡金属的配位非常相似,比如阴离子也表现出金属离子的特征。这些相似的行为暗示了阴离子的超分子自组装能向金属配位那样形成新颖的阴离子配合物。

在分子自组装过程中,两个或多个互补单元间的非共价键作用(诸如疏水相互作用、芳香相互作用、静电相互作用),可以使各组分有效地结合到一起,形成具有特殊性质或功用的组装体。同时,配体和底物中所包含的立体化学信息也得到传递、释放,并最终影响组装体的构筑模式与立体化学性质。通过从自然界中优美的自组装体中获得灵感,研究者设计并且实现了各种自组装体。在金属配位的自组装研究中,笼状结构的手性特征在催化、主客体研究等方面有重要应用。在阳离子配位化学研究中,研究者发现选择合适的配体及灵活多变的金属是有效构建预期结构的关键,Raymond 等人在这方面做了大量的报道,包括三角、四方平面、胶囊、四面体及其他对称性更高的多面体配合物。四面体配合物拥有的微环境可以用来模拟蛋白受体或酶去有效结合底物,还可以稳定活性中间体以及催化化学反应。而在研究中报道的四面体笼包括 M_4L_6 和 M_4L_4

两种类型:在 M_4L_6 配合物中的四个金属作为四面体的四个顶点,六个配体具有 C_2 对称性作为四面体的六条边;而在 M_4L_4 的四面体配合物中四个配体采取 C_3 对称性占据四面体的四个面。配体也由最初的具有 C_2 对称性的线性配体发展到现在的具有 C_3 对称性的平面配体,主要是对 2,2′-联吡啶、邻二酚及 β-二酮螯合基团进行修饰可以制备一系列的四面体配合物。尤其是由三价镓和萘基团桥联的邻二酚配体制备的四面体配合物可以有效地稳定具有较高能量的阳离子,甚至还可以在水中促进金属有机的 C—H 活化反应或[3,3]重排反应。

与发展很成熟的金属超分子体系相比,阴离子配位的超分子结构还鲜有报道。尽管对于阴离子作为模板而诱导生成各种结构也有报道,但是阴离子作为主要配位中心的研究报道极少。近年来,一些阴离子配位结构,如大环、索烃、轮烷、折叠及螺旋结构开始得到报道,然而具有很好的空腔的笼状阴离子配合物至今还没有报道。

笔者一直在进行多脲类受体与四面体阴离子的识别、提取与组装研究。脲基团是很好的配体,可以很好地与阴离子键合,表现为高稳定性及饱和配位环境。键合位点的个数、电子云密度及位置安排都会对阴离子的自组装过程产生很大的影响。因此,首要任务是选择合适的配体,鉴于阴阳离子的配位相似性,笔者通过模拟联吡啶配体成功设计合成了一系列的多脲配体。这些阴离子受体对阴离子表现为高度的亲和性和匹配性。其中三脲配体与磷酸根配位形成了 2:1 阴离子配合物 $[AL_2]^{3-}$($A = PO_4^{3-}$),该配合物的配位行为与 $[M(tpy)_2]^{n+}$(tpy = 三联吡啶)配合物非常相似。除此之外,笔者发现其可以很好地识别四面体阴离子且可以达到100%的分离。像上面提到的,合适的配体有了,那么接下来的任务就是选择具有合适的电子云密度及配位数的阴离子。上一章合成的乙烷基桥联的二-联二脲受体与磷酸根配位形成了首例阴离子模板的三螺旋 $[(PO_4)_2 5_3]^{6-}$,该螺旋结构是外消旋的。阴离子配位数达到饱和,而引入同样是四面体阴离子的 SO_4^{2-} 未能得到螺旋结构,这就像 Cu^{2+} 或 Cu^+,所带电荷数的不同而导致配位数不同。二价铜离子往往会采取八面体的配位模式,而一价铜离子会采取平面的四配位方式,这些结果更进一步证明了阴阳离子配位的相似性,在配体中每一个脲基团相当于联吡啶配体中的一个吡啶氮,作为配位基团参与阴离子的配位。因此,选择合适的阴离子也是构建四面体阴离子配合物的重要因素。然而,在阴离子识别化学中,PO_4^{3-} 和 SO_4^{2-} 的结合行为是一致的。事实上，在阴离子配位中，PO_4^{3-} 会采取饱和配位模式，表现出电子云密度及配位构型的优势。因此联二脲可以与四面体阴离子构建螺旋结构及四面体结构，在这些结构中阴离子占据节点位置。对于构型更为复杂的结构的构建，迄今为止还没有文献报道。而且这些阴离子构筑的四面体阴离子配合物也可能在生物模拟以及功能化材料方面具有潜在的应用价值。

因此，根据以上的结果，笔者设计合成 TAPA 桥联的类三足-三联二脲受体(图 5-1)与四面体阴离子，如使其与磷酸根配位形成首例阴离子诱导的四面体超分子自组装体$[A_4(L4)_4]$（$A = PO_4^{3-}$）(12)；与硫酸根阴离子络合生成不同的三核螺旋结构$[A_3(L4)_2]$（$A = SO_4^{2-}$）(13)。考察了阴离子与配体结合强弱等因素对不同组装体组装的重要影响。对外消旋化合物的单晶衍射、NMR 与 ESI-MS 表征证明，它可以在固态和溶液中稳定存在。

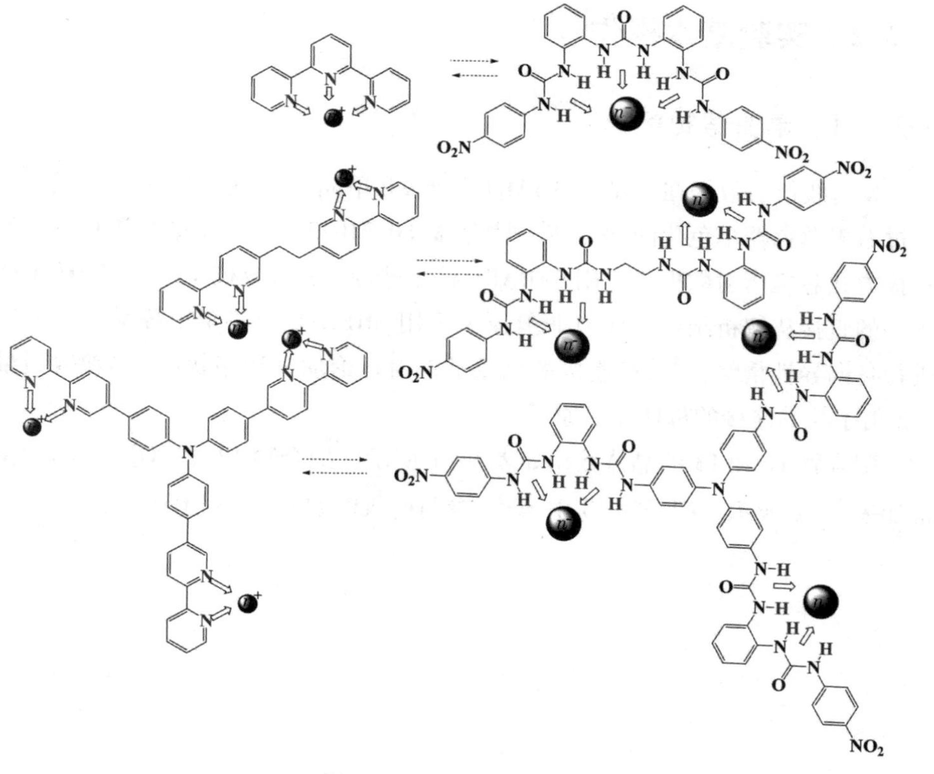

图 5-1　配体的设计思路

5.2 实验部分

5.2.1 药品和测试仪器

三(4-硝基苯基)胺,2-硝基-异氰酸酯,4-硝基-异氰酸酯,以及其他溶剂和试剂都是分析纯,商业途径购买,并直接使用。^{1}H-NMR,^{31}P-NMR 和 ^{13}C-NMR 谱图由 Varian Mercury plus-400 核磁共振波谱仪检测,分辨率分别为 400 MHz、75 MHz 和 100 MHz,并以 TMS 为内标。所有 $PO_4[K(18-冠醚-6)]_3$ 与 L4 的 ^{1}H-NMR 滴定是在 DMSO-d_6/5% H_2O 环境下进行的,而 $(TBA)_2SO_4$ 与 L4 的 ^{1}H-NMR 滴定是在 DMSO-d_6 中进行的。元素分析数据由 Elemental Vario EL 元素分析仪测得。IR 光谱由 Bruker IFS 120HR 傅里叶变换红外光谱仪测得。熔点由 X-4 数字显微熔点仪测得。

5.2.2 实验基本操作

5.2.2.1 单晶结构解析

X 射线衍射数据在 Bruker SMART APEX Ⅱ 单晶 X 射线衍射仪上完成。用经过石墨单色器单色化的 Mo-Kα 射线($\lambda = 0.71073$ Å),在 293 K 下以 $\omega-2\theta$ 扫描方式收集衍射数据。运用 SADABS 程序进行经验吸收校正。应用 SHELXS 程序的直接法解析结构。所有非氢原子采用 SHELXL 程序全矩阵最小二乘法进行各向异性精修,与其相连接的氢原子都由理论加氢程序找出(热参数当量 1.2 倍于与其连接的母体非氢原子)。

配合物 12 和 13 的晶体数据如表 5-1 所示。配合物 12 中 PO_4^{3-} 参与的氢键如表 5-2 所示。配合物 13 中 SO_4^{2-} 参与的氢键如表 5-3 所示。

表 5-1 12 和 13 的晶体数据

化合物	配合物 12	配合物 13
实验分子式	$C_{72}H_{84}N_{19}O_{16}P$	$C_{192}H_{242}K_5N_{32}O_{74}S_3$
FW	1502.55	4473.86
晶体颜色	黄色	黄色
T/K	173(2)	153(2)
晶系	立方晶系	单斜晶系
空间群	$P\bar{4}3n$	$C2/c$
a/Å	25.6857(13)	40.572(6)
b/Å	25.6857(13)	26.278(4)
c/Å	25.6857(13)	26.914(4)
α/(°)	90	90
β/(°)	90	114.449(3)
γ/(°)	90	90
V/Å^3	16946.3(15)	26122(7)
Z	8	4
D_c/(g·cm^{-3})	1.178	1.138
$F(000)$	6336	9412
μ/mm^{-1}	0.876	0.187
晶体尺寸/mm^3	0.24×0.20×0.15	0.6×0.3×0.3
θ 范围/(°)	2.43~52.94	0.95~26.94
衍射数据	31793	76502
独立衍射数据	3301	28291
观测到的衍射数据 [$I>2\sigma(I)$]	2175	15271
R_{int}	0.0888	0.0537
修正参数	330	1383
契合度 F^2	1.049	1.146
$R_1[I>2\sigma(I)]$	0.0929	0.0767
wR_2 (所有数据)	0.2570	0.2238

表5-2　配合物12中 PO_4^{3-} 参与的氢键

D—H⋯A	d(D—H)	d(H⋯A)	d(D⋯A)	∠(DHA)
N2—H2⋯O5	0.86	1.98	2.815(5)	157.1
N3—H3⋯O6	0.86	1.97	2.827(5)	164.1
N4—H4⋯O6	0.86	1.96	2.815(5)	163.3
N5—H5⋯O6	0.86	1.94	2.811(5)	168.4
C20—H20⋯O6	0.95	2.62	3.340(5)	133.0

表5-3　配合物13中 SO_4^{2-} 参与的氢键

S	D—H⋯A	d(D—H)	d(H⋯A)	d(D⋯A)	∠(DHA)
S2	N2-H2⋯O33	0.86	1.88	2.735(4)	168.2
	N3-H3⋯O33	0.86	2.69	3.376(5)	137.6
	N4-H4⋯O32	0.86	2.11	2.882(5)	148.1
	N5-H5⋯O32	0.86	1.98	2.811(5)	160.9
S1	N7-H7⋯O29	0.86	2.47	3.249(5)	149.4
	N8—H8⋯O31	0.86	1.95	2.803(5)	172.9
	N9—H9⋯O28	0.86	2.44	3.212(5)	148.9
	N10—H10⋯O28	0.86	2.17	3.006(5)	162.0
	N12—H12⋯O29	0.86	2.13	2.970(5)	166.9
	N13—H13⋯O30	0.86	2.11	2.943(5)	161.1
	N14—H14⋯O30	0.86	1.95	2.780(4)	161.7
	N15—H15⋯O31	0.86	2.05	2.887(5)	162.9
S2	C5—H5⋯O32	0.93	2.53	3.367(4)	149.9
S1	C56—H56⋯O31	0.93	2.69	3.438(5)	138.1

5.2.2.2　^{1}H-NMR 滴定

首先配制用于进行 ^{1}H-NMR 滴定的主体溶液(5.0 mmol·L^{-1})[DMSO-d_6/5% H$_2$O（体积比）0.5 mL 体系]，再配制阴离子储备液(1 mL, 0.05~1.00 mol·L^{-1})[DMSO-d_6/40% H$_2$O（体积比）体系]。每次将少量(2~

5 μL)客体离子的滴定样滴加到用 5 mm 核磁管盛装的 0.5 mL 主体储备液中。每次滴加后扫描核磁谱图并记录数据。

5.2.3 配体及配合物的合成与表征

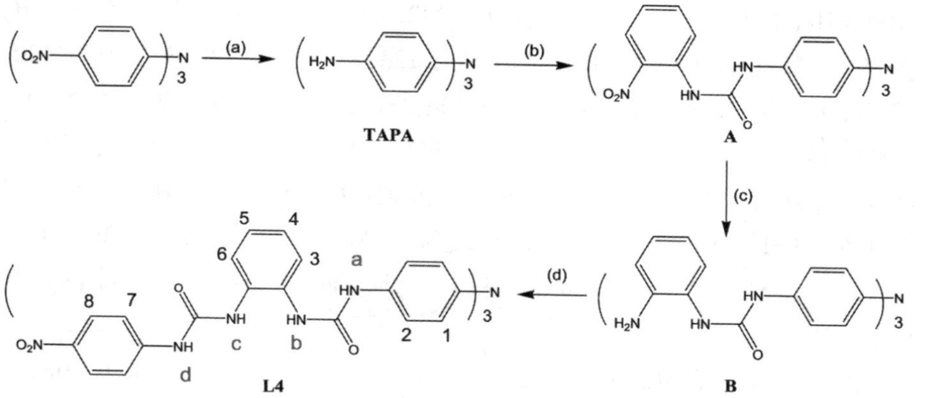

图 5-2 配体合成路线图

5.2.3.1 配体 L4 的合成与表征

(1) tris(p-aminotriphenyl)amine(TAPA)

氮气氛围下,于 250 mL 三口圆底烧瓶中加入 2.0 g(5.3 mmol)tris(p-nitrophenyl)amine 和 0.25 g Pd/C(质量分数 10%),再加入 96 mL 1,4-二氧六环/乙醇(V/V,2∶1)加热回流该悬浊液。在 30 min 内向其中缓慢滴加 11 mL 水合肼,滴加完后再继续回流 20 h。反应完毕后冷却至室温,过硅藻土抽滤,浓缩滤液,并向其中加入 1 L 蒸馏水。收集沉淀,过滤,干燥(1.2 g,78%)。将粗产品用乙醇重结晶,得灰白色晶体;熔点 246~248 ℃ (241~244 ℃[lit.1])。^{1}H-NMR(400 MHz,CDCl$_3$,ppm):δ 6.84(s,6H,ArH),6.57(d,6H,ArH),3.47(s,br,6H,NH2)。

(2) N,N′,N″-(nitrilotri-4,1-phenylene)tris(2-nitrophyeyl-urea)(A)

将 20 mL TAPA(0.29 g,1.0 mmol)滴加到含 2-硝基-异氰酸酯(0.66 g,4.0 mmol)的 20 mL THF 溶液中。加热回流 6 h,浓缩溶剂,用甲苯沉淀,产生砖

红色固体,过滤,分别用乙醇、乙醚洗涤,干燥(0.75 g,96%)。熔点:198 ℃。^{1}H–NMR(400 MHz,DMSO–d_6,ppm):δ 9.80(s,3H,NHb),9.58(s,3H,NHa),8.32(d,J = 8.4 Hz,3H,H6),8.10~8.08(dd,J = 1.2 Hz,J = 8.4 Hz,3H,H3),7.71~7.67(m,3H,H4),7.41(d,J = 8.8 Hz,6H,H2),7.20~7.16(m,3H,H5),6.95(d,J = 8.8 Hz,6H,H1)。^{13}C–NMR(100 MHz,DMSO–d_6):151.7(CO),142.4(C),137.4(C),135.0(CH),134.9(C),133.9(C),125.3(CH),123.8(CH),122.3(CH),122.0(CH),120.0(CH)。IR(KBr,ν/cm^{-1}):3319(NH),1673,1606,1539,1495(CO),1431,1339,1260,1197,1144,742,518。$C_{39}H_{30}N_{10}O_9$理论计算值:C,59.56%;H,3.70%;N,17.89%。实测值:C,59.85%;H,3.86%;N,17.89%。ESI–MS m/z:100%,805.2 [M + Na]$^+$;20%,783.2 [M + H]$^+$。

(3) N,N′,N″–(nitrilotri–4,1–phenylene)tris(2–aminophyeyl–urea)(B)

将9.0 mL水合肼滴加到含有A(0.6 g,0.77 mmol)和10% Pd/C(0.20 g,催化剂)的200 mL甲醇悬浮液中,加热回流24 h,过滤,收集含有催化剂的灰色固体粉末,将其溶于20 mL的DMSO中,过滤,加水沉淀,过滤收集白色沉淀,用乙醇、乙醚分别洗涤,干燥(0.32 g,60%)。熔点 211~213 ℃。^{1}H–NMR(400 MHz,DMSO–d_6,ppm):δ8.67(s,3H,NHb),7.68(s,3H,NHa),7.35(d,J = 8.4 Hz,9H,H2/3),6.90(d,J = 8.8 Hz,6H,H1),6.83(t,J = 8.0 Hz,3H,H5),6.73(d,J = 8.0 Hz,3H,H4),6.57(t,J = 8.0 Hz,3H,H6),4.76(s,6H,NHc)。^{13}C–NMR(100 MHz,DMSO–d_6):153.1(CO),141.8(C),140.7(C),134.7(CH),124.8(C),124.2(C),123.7(CH),123.5(CH),119.3(CH),116.8(CH),115.8(CH)。IR(KBr,ν/cm^{-1}):3297,1640,1599,1545,1503,1454,1308,1220,750,514。$C_{39}H_{38}N_{10}O_4$(B·H_2O)理论计算值:C,65.59%;H,5.41%;N,19.69%。实测值:C,65.90%;H,5.39%;N,19.71%。ESI–MS m/z:100%,693.3 [M + H]$^+$;60%,715.3 [M + Na]$^+$。

(4) N,N′,N″ - (nitrilotri - 4,1 - phenylene)bis(tris(3 - (2 - aminophyeyl - urea)))(L4)

将 B(0.40 g, 0.58 mmol)用 10 mL DMF 溶解,然后滴加到含有 p - nitrophenylisocyanate(0.38 g, 2.3 mmol)的 200 mL THF 中。加热回流 8 h,过滤,收集沉淀,分别用甲醇、乙醚洗涤,干燥得纯的浅黄色固体粉末 L4(0.58 g, 84%)。熔点:235~236 ℃。^{1}H - NMR(400 MHz, DMSO - d_6, ppm):δ9.85(s, 3H, NHd), 8.99(s, 3H, NHc), 8.26(s, 3H, NHb), 8.20(d, J = 8.8 Hz, 6H, H8), 8.06(s, 3H, NHa), 7.71(d, J = 8.8 Hz, 6H, H7), 7.65(d, J = 7.2 Hz, 3H, H6), 7.54(d, J = 7.2 Hz, 3H, H3), 7.37(d, J = 8.0 Hz, 6H, H2), 7.16~7.07(m, 6H, H4/5), 6.90(d, J = 8.0 Hz, 6H, H1)。^{13}C - NMR(100 MHz, DMSO - d_6):153.1(CO), 152.6(CO), 146.5(C), 141.9(C), 140.8(C), 134.4(C), 132.2(C), 129.9(C), 125.1(CH), 124.8(CH), 123.7(CH), 123.4(CH), 119.6(CH), 117.3(CH)。IR(KBr, ν/cm^{-1}):3300(NH), 1657, 1600(CN), 1557(NO), 1503(CO), 1454, 1409, 1335(NO), 1303, 1244, 1111, 850, 750, 519。$C_{60}H_{54}N_{16}O_{15}$($C_{60}H_{48}N_{16}O_{12} \cdot 3H_2O$)理论计算值:C, 58.26%; H, 4.17%; N, 18.21%。实测值:C, 58.16%; H, 4.39%; N, 18.09%。ESI - MS m/z : 40%, 1207.3 [M + Na]$^+$。

5.2.3.2 配合物的制备及表征

(1) [(PO$_4$)$_4$(L4)$_4$] · 12 TMA(12)

L4(60 mg, 0.051 mmol)与(TMA)$_3$PO$_4$ · 10H$_2$O(210 μL, 0.051 mmol)在乙腈(6 mL)溶剂中悬浮搅拌。室温反应 2 h,得到橙黄色清液。用乙醚向其中扩散,两周后得到适合单晶衍射的配合物 [(PO$_4$)$_4$(L4)$_4$] · 12TMA(12)(77 mg, 95%)。熔点 175 ℃。^{1}H - NMR(400 MHz, DMSO - d_6, ppm):δ 12.62(s, 3H, NHd), 11.82(s, 3H, NHc), 11.71(s, 3H, NHb), 11.66(s, 3H, NHa), 8.23(d, J = 8.0 Hz, 3H, H6), 7.74(d, J = 8.0 Hz, 3H, H3), 7.59~7.57(m, 12H, H8/7), 7.38(d, J = 9.2 Hz, 6H, H2), 6.99~6.95(m, 3H, H4), 6.90~6.86(m, 3H, H5), 6.36(s, br, 6H, H1)。^{31}P - NMR:δ8.069 ppm。$C_{290}H_{343}N_{77}O_{66}P_4${[(PO$_4$)$_4$(L4)$_4$] · 12TMA · CH$_3$CN · 2H$_2$O}理论计算值:C, 57.22%; H, 5.68%; N, 17.72%。实测值:C, 57.43%; H,

5.75%；N，17.56%。

(2) $[(SO_4)_3(L4)_2][K(18-冠醚-6)]_6 \cdot 3CH_3COCH_3$ (13)

L4 (48 mg, 0.041 mmol)与$K_2SO_4 \cdot 10H_2O$ (7.0 mg, 0.041 mmol)、18-冠醚-6 (24 mg, 0.123 mmol)在丙酮(6 mL)溶剂中悬浮搅拌。室温反应2 h,得到橙黄色清液。用乙醚向其中扩散,一周后得到适合单晶衍射的配合物$[(SO_4)_3(L4)_2][K(18-冠醚-6)]_6 \cdot 3H_2O$ (13) (92 mg, 92%)。熔点 182 ℃。^1H-NMR (400 MHz, DMSO-d_6, ppm)：δ10.67 (s, 3H, NHd), 9.68 (s, 3H, NHc), 9.57 (s, 3H, NHb), 9.49 (s, 3H, NHa), 7.93~7.92 (m, 3H, H6), 7.89~7.87 (m, 3H, H3), 7.82 (d, $J=9.2$ Hz, 6H, H8), 7.59 (d, $J=9.2$ Hz, 6H, H7), 7.45 (d, $J=8.8$ Hz, 6H, H2), 7.07~7.05 (m, 6H, H4/5), 6.68 (d, $J=8.8$ Hz, 6H, H1)。$C_{192}H_{252}K_6N_{32}O_{78}S_3\{[(SO_4)_3(L4)_2][K(18-冠醚-6)]_6 \cdot 6H_2O\}$理论计算值：C, 50.27%；H, 5.54%；N, 9.77%。实测值：C, 49.97%；H, 5.29%；N, 9.47%。

5.3 结果与讨论

5.3.1 配体及配合物 12 和 13 的合成

具有C_3对称性的配体L4含有三个阴离子配位点,可以通过面式配位方式与阴离子配位。对硝基氰酸酯与 B 反应生成配体L4,产率可达84%,通过质谱、核磁及元素分析证明了这一配体生成。配体与$(TMA)_3PO_4$(由 TMAOH 与 H_3PO_4在水溶液反应制得)在乙腈溶液中以 1:1 比例进行反应,溶液由浅黄色变为橘黄色,乙醚向其中扩散两周后有橘黄色晶体产生,晶体结构表征为$[(PO_4)_4(L4)_4] \cdot 12$ TMA,产率为90%。NMR、ESI-MS 和元素分析都证明了产物的单一性,没有其他比例的配合物生成。此外,$^{31}P-NMR$ 中只在 8.039 ppm 处出现了一组峰,也证明了没有其他物种生成(图5-3)。磷酸根的化合物很容易溶于常规溶剂。^1H-NMR 的化学位移情况证明了配体与阴离子间的作用,与自由配体相比,脲基团的 NH 峰均向低场位移($\Delta\delta = 2.75$~3.58 ppm),NHd 的化学位移值由原来的 9.84 ppm 位移到低场的 12.61 ppm 处,配体中的芳香区质子向高场位移,这都证明了阴离子磷酸根与配体发生配位。同时氢谱还反映了该配合物的高度对称性(图5-4),二维 TOCSY 谱和

NOESY 谱也证明了四面体笼的生成。而 L4 与 $SO_4[K(18-冠醚-6)]_2$ 以 1∶1 比例加入到丙酮中，常温下搅拌反应，得到黄色澄清溶液，乙醚向该丙酮溶液挥发扩散，得到定量的黄色棒状晶体硫酸根配合物 13，其分子式为 $[(SO_4)_3$-$(L4)_2][K(18-冠醚-6)]_6$。对配合物 13 进行了 NMR、元素分析以及单晶结构的测试。

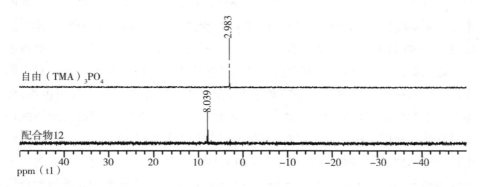

图 5-3　配合物 12 及自由 $(TMA)_3PO_4$ 的 $^{31}P-NMR$ (400 MHz, DMSO-d_6, 298 K)

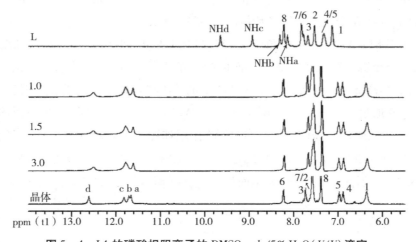

图 5-4　L4 的磷酸根阴离子的 DMSO-d_6/5% H_2O (V/V) 滴定

5.3.2 阴离子化合物结构表征

5.3.2.1 配合物12

笔者使用$(TMA)_3PO_4$与L4按照1:1比例加入,在乙腈溶液中常温反应,得到分子式为$[(PO_4)_4(L4)_4]\cdot 12TMA_{12}$的橘黄色块状晶体配合物12(立方晶系,$P\bar{4}3n$空间群)。结构存在理想的T对称性,最小不对称单元为四面体笼的1/12(1/3磷酸根阴离子,1/3配体,以及一分子的TMA作为对阴离子,保持电荷平衡),如图5-5所示。其中阴离子磷酸根位于C_3轴上,占有率为0.33。四个伪-C_3对称性配体占据四个三角平面,四面体的顶点被四个磷酸根占据,磷酸根以十二条氢键饱和配位方式与三个配体的六个脲基团发生配位,配体保持C_3对称性。从固态结构表征可知,其核心结构$[(PO_4)_4(L4)_4]^{12-}$,为一四核磷酸根模板的四面体结构。在$[(PO_4)_4(L4)_4]^{12-}$结构中,四个阴离子中心采用了一致的构象,都为ΔΔΔΔ型或ΛΛΛΛ型。这与文献报道的M_4L_4类的四面体配合物类似,每个单独的四面体都是纯手性的,Flack因子为0.06,但是M/P型结构平均分布,因此得到的化合物为外消旋(非手性空间群$P\bar{4}3n$)。每个磷酸根阴离子周围,都存在十二条氢键作用[N⋯O距离为2.811(5) Å到2.827(5) Å,平均值为2.817 Å;N—H⋯O角度从157.1°到168.4°,平均为163.2°],如图5-5所示。每个脲基团成为阴离子四面体的一条边,这种键合模式与先前报道的三螺旋$[(PO_4)_2 5_3]^{6-}$一致。除了脲基团上的NH与阴离子作用外,端基硝基苯上8位H亦通过C20—H20⋯O6[3.340(5)Å,133.0°]参与配位。在四面体的顶端存在很强的CH⋯π(3.29 Å, 3.43Å)作用如图5-6(a)所示。此外,磷酸根间$PO_4\cdots PO_4$的距离为15.0 Å,配体中心氮与氮(N⋯N)的距离为7.14 Å,体积为133 Å^3。因此,由于空腔太小而没有包夹任何客体,TMA和溶剂分子在外围。

第 5 章　基于 C_3-对称的三-联二脲配体磷酸根四面体 A_4L_4 阴离子笼的组装

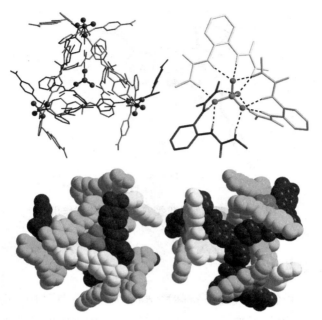

图 5-5　配合物 $[(PO_4)_4(L4)_4] \cdot 12TMA(12)$ 的晶体结构

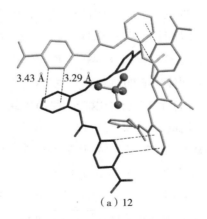

(a) 12

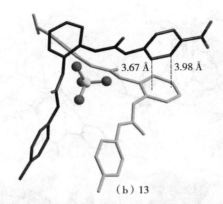

图 5-6 配体间的 T 型 C—H⋯π 堆积作用

5.2.3.2 配合物 13

配合物 13 以单斜晶系、$C2/c$ 空间群结晶，为轮状手性结构。配体的每一个臂以 SO_4^{2-}—SO_4^{2-} 为轴，反映了该配合物具有手性，配体中的三个末端取代基采取远离三角平面并朝同一个方向旋转的方式与阴离子配位。在配合物 13 中两个配体采取面对面的方式将三个硫酸根阴离子包夹在中间。值得关注的是：配合物 13 不像配合物 12 那样具有 C_3 对称性。两个硫酸根阴离子[$S(1)O_4$ 和 $S(1A)O_4$]以($-x, y, 1.5-z$)对称操作存在。硫与硫 S⋯S 之间的距离分别为 12.66 Å 和 14.04 Å，两个配体中心的氮与氮之间（N⋯N）的距离为 5.50 Å。阴离子与配体的比例为 3∶2，每个 L4 分子以"S"型构象结合了三个硫酸根阴离子。脲基团 NH 全部参与氢键，每个硫酸根周围都有八条氢键来自于两个配体的四个脲基团[N⋯O 距离从 2.735(4) Å 到 3.376(5) Å，平均值为 2.971 Å；N—H⋯O 角度从 137.6°到 172.9°，平均为 158.3°]，如图 5-7、表 5-3 所示。除了 N—H⋯O 氢键外，还有两条来自于配体芳基的 C—H⋯O 氢键（C5—H5⋯O32，3.367Å，149.9°；C56—H56⋯O31，3.438Å，138.1°）。末端硝基苯基团与邻位的苯环存在着 T 型的 CH⋯π 作用，距离为 3.67~3.98 Å，如图 5-6(b)所示，这在二维 NOESY 谱上表现为远程的空间作用。

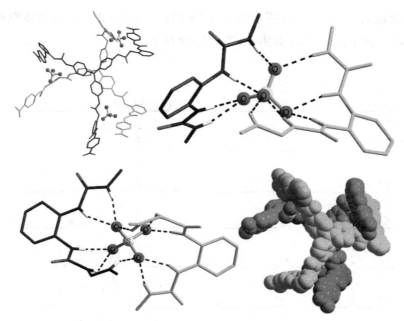

图 5-7 配合物 $[(SO_4)_3(L4)_2]^{6-}$ (13) 的晶体结构

5.3.3 溶液性质的研究

5.3.3.1 配合物 12

笔者利用 NMR 表征对配体 L4 与 $[K(18-冠醚-6)]_3PO_4$ 在溶液中的结合、组装进行了研究。^1H-NMR 滴定证明溶液中主客体络合比例为 1:1(图 5-8)。在 5% 的含水体系中进行 ^1H-NMR 滴定,阴离子的加入引起核磁谱图中的快交换现象,在加入等量的磷酸根以后,谱图清晰且不再变化。此时的核磁谱图特征与配合物 12 的核磁谱图一致。与配体相比较,核磁谱图上脲基团的 NH 峰明显向低场位移了 2.75~3.58 ppm,表明配体与磷酸根阴离子间的强氢键作用,也证明了所有脲基团均参与配位。其中属于芳香区的 H3(0.20 ppm)、H6(0.58 ppm)和 H8(0.80 ppm)质子信号向高场位移,原因是邻位取代苯环强的屏蔽作用。当加入更多的阴离子时,谱图不再发生变化,表明即使存在 5% 水的竞争体系中也能形成主客体 4:4 的配合物 12。再者,在核磁谱图上 TMA 在高场区只表现为一组峰,这证明了由于 TMA 的尺寸(150 Å^3)比四面体空腔大,TMA 未包夹在阴离子的四面体中,如图 5-9 所示。

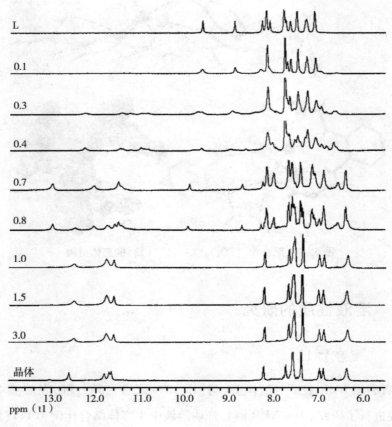

图 5-8 L4 [DMSO-d_6/5% H_2O(体积比),5×10^{-3} mol·L^{-1}]滴定 [K(18-冠醚-6)]$_3$PO$_4$[DMSO-d_6/40% H_2O(体积比),0.25 mmol·L^{-1}]的部分^{1}H-NMR(400 MHz)详图

第 5 章 基于 C_3-对称的三-联二脲配体磷酸根四面体 A_4L_4 阴离子笼的组装

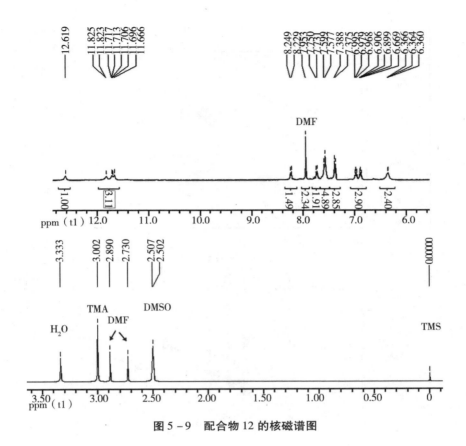

图 5-9 配合物 12 的核磁谱图

配合物 12 的高度对称性也通过二维 NOESY 谱(^{1}H-^{1}H NOESY 谱)证明，在二维 NOESY 谱中，所有邻近的脲基团的 NH 质子存在交叉峰，如图 5-10 所示，证明了彼此之间的空间作用，所有的 NH 质子指向四面体的内腔。此外，四面体的形成还可以通过 H6-H7&H8，H4&H5-H7 和 H4&H5-H8 之间的空间作用来证明。这些交叉峰没有在 COSY 谱(^{1}H-^{1}H COSY 谱)上体现出彼此间的作用就是因为四面体的生成带来远程的空间作用，如图 5-11 所示。

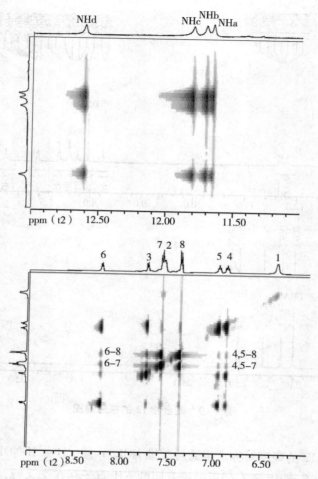

图 5-10 配合物 12 的部分 $^1H-^1H$ NOESY 谱(600 MHz, DMSO-d_6, 298 K)

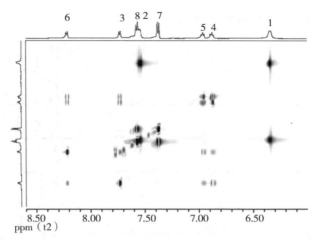

图 5-11 配合物 12 部分 ^{1}H-^{1}H COSY 谱(600 MHz, DMSO-d_6, 298 K)

5.3.3.2 配合物 13

笔者利用 ^{1}H-NMR 表征 L4 与 (TBA)$_2$SO$_4$ 在溶液中的结合情况(图 5-12)。在加入 1.5 倍阴离子时,核磁谱图呈现尖锐形态,形成了阴离子与配体结合比为 3∶2 的配合物 13,NH 质子信号向低场位移,但其位移量($\Delta\delta$ = 0.46~1.62 ppm)远小于对磷酸根的结合,且芳香区 H8 质子仅向高场位移了不到 1 ppm,不存在强的屏蔽作用。其中脲基团上的 NHd($\Delta\delta$ = 0.81 ppm)与 NHc($\Delta\delta$ = 0.46 ppm)的化学位移比 NHa($\Delta\delta$ = 1.62 ppm) 和 NHb($\Delta\delta$ = 1.23 ppm)要低得多,这与配合物 12 很不同。但端基间的空间作用(图 5-13 和图 5-14)使 H7($\Delta\delta$ = 0.11 ppm)和 H8($\Delta\delta$ = -0.60 ppm)的化学位移要比 H1($\Delta\delta$ = -0.22 ppm)和 H2($\Delta\delta$ = 0.08 ppm)大一些。当继续加入阴离子后又出现了慢交换现象,当加到 3.0 倍以后,核磁谱图变得清晰且不再发生变化,形成了热力学稳定且阴离子与配体结合物为 3∶1 的配合物。然而固态下配合物 13,当阴离子与配体为 3∶2 时,更易结晶出来。在核磁滴定过程中,笔者认为随着阴离子的加入首先形成不稳定的 2∶2 比例的化合物 [(SO$_4$)$_2$(L4)$_2$]$^{4-}$,由于其中一端还有配位点,因此继续加入硫酸根阴离子时,会发生配位而形成易结晶且较稳定的阴离子与配体比例为 3∶2 的 [(SO$_4$)$_3$(L4)$_2$]$^{6-}$ 配合物,但随着阴离子的继续加入,会破坏 3∶2 结构,而形成热力学比较稳定的 3∶1 的物种,这也证明了

SO_4^{2-} 与脲基团的键合能力不如 PO_4^{3-}。

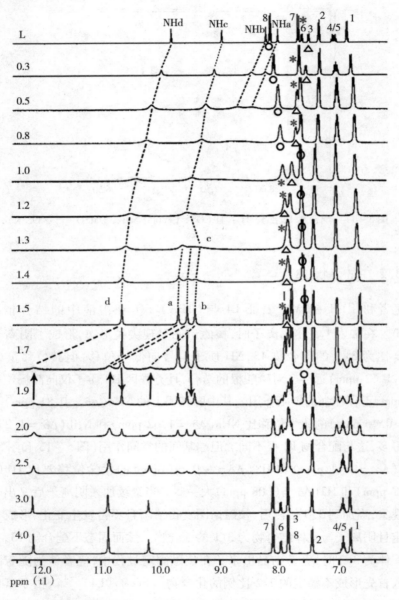

图 5-12 L4 滴定 $(TBA)_2SO_4$ $(0.25\ mmol \cdot L^{-1})$ 的部分 ^1H-NMR
$(400\ MHz,\ DMSO-d_6,\ 5 \times 10^{-3}\ mol \cdot L^{-1})$ 详图

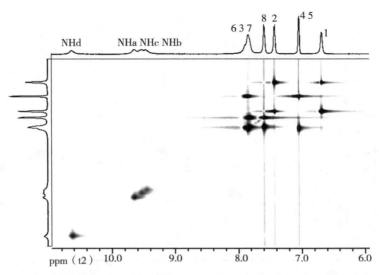

图 5-13　配合物 13 部分 ^{1}H-^{1}H COSY 谱(600 MHz, DMSO-d_6, 298 K)

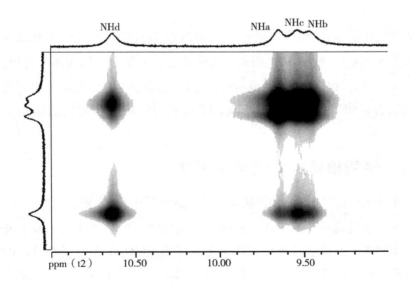

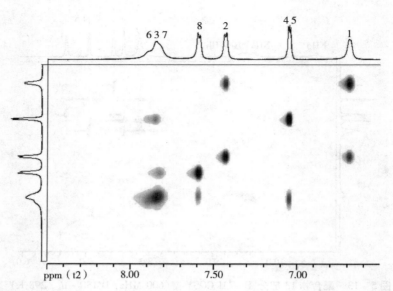

图 5-14　配合物 13 的部分 ^{1}H-^{1}H NOESY 谱（600 MHz, DMSO-d_6, 298 K）

值得关注的是：四面体阴离子 SO_4^{2-} 和 PO_4^{3-} 具有相似的构型，且均需十二条氢键达到饱和配位，然而 SO_4^{2-} 阴离子与配体配位不能形成四面体配合物，这可能是因为与 PO_4^{3-} 相比，SO_4^{2-} 的电荷密度及碱性都较低，这导致磷酸根更易于被脲基团结合。DFT 计算表明，配合物 12 比相应的硫酸根的四面体配合物更稳定。

5.3.4　磷酸根四面体的可逆组装

受外界化学信号刺激，PO_4^{3-} 阴离子可以进行质子化/去质子化的变化，进而影响主客体组装结构。基于这一想法，对于配合物 12，笔者进行了酸-碱调节的四面体阴离子可逆组装研究。基本思路是用 $HClO_4$ 作为质子源，TMAOH 作为去质子化试剂调节阴离子质子态，结果见图 5-15。在四面体配合物 12 中，引入 H 质子后，由于中心阴离子状态的改变，四面体结构分解：当引入 4.0 倍当量的酸时，H8 质子的信号向低场移动（$\Delta\delta = 0.33$ ppm），四面体结构分解；当引入 8.0 倍当量的酸，PO_4^{3-} 进一步被质子化成 $H_2PO_4^-$，其 NMR 谱图特征与 L4 中加入 1.0 倍当量的 $TBAH_2PO_4$ 一致，脲基团与阴离子有较弱的键合；当 PO_4^{3-} 全

部被质子化成 H_3PO_4 时，^1H-NMR 谱图与单纯 L4 配体以及 L4 中加入 H_3PO_4 时一致，主客体之间没有结合。当引入 6.0~12.0 倍当量的 TMAOH 时，H_3PO_4 逐渐去质子化，转变成 PO_4^{3-}，核磁结果则表明四面体结构得到了恢复。

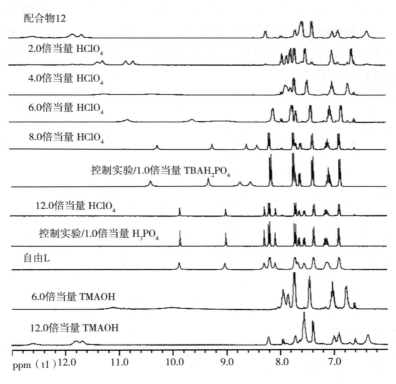

图 5-15　配合物 12 的质子推动的可逆组装详图

5.4　小结

笔者报道了具有 C_3 对称性的三(双齿配体)L4，其以 TAPA 为母体、三个联二脲加以修饰的类三足配体。首次报道了以阴离子为配位节点的四面体笼状配合物 $[(PO_4)_4(L4)_4]\cdot 12TMA(12)$，带有 12 个负电荷，联二脲基团与磷酸根匹配性高，表现为较强的氢键。在配合物 12 中磷酸根位于四面体的四个顶点，平面配体占据了四面体的四个面。此外，与硫酸根组装合成了首例以阴离子为配位节点的螺旋体[(SO$_4$)$_3$(L4)$_2$][K(18-冠醚-6)]$_6$(13),带有6个负电荷。结果证明:对称性控制及面驱动的方法有利于制备新颖的阴离子配合物。更进一步证明了阴阳离子配位在配位数及配位构型上的相似性。在本书中,磷酸根表现出更易于采取十二条氢键的饱和配位模式,这与过渡金属离子的配位行为相似。另一方面,硫酸根可以采取较低的配位数而带来多样的阴离子配位结构。最后,尽管四面体笼12的空腔很小而未能包夹任何客体,但是本书为制备类似的四面体阴离子配合物提供了很好的思路。对于具有更大空腔体系的配合物,笔者正在研究中。

第6章 焦磷酸根导向的芘基单脲比色传感器的建立

6.1 引言

阴离子的检测仍然很重要,因为它们在自然界中发挥着重要的作用,如生物学、农学、医学等领域。分子识别是指主体对客体的选择性结合并产生特定功能的过程,是超分子化学研究的重要内容。它包括对中性分子、阳离子和阴离子的识别,其中阴离子识别相对前两者发展较为迟缓,亟待丰富和发展。阴离子识别作为分子识别的一个重要分支,近年来引起了国内外专家学者的广泛关注,聚焦点是合成具有高选择性能识别各种阴离子的人工识别受体。在研究的各种阴离子中,焦磷酸是一个特别关注的焦点。焦磷酸根($P_2O_7^{4-}$,PPi)具有较高的溶剂化能($\Delta G^{\theta}=-465$ kJ/mol),是生物系统中较为重要的阴离子物种之一,它参与了生物体内的能量转导、DNA 聚合和新陈代谢。此外,近年来已证实体内 PPi 水平异常与癌症、软骨疾病、关节炎等疾病有关。另一方面,PPi 作为主要的磷污染物之一,通过生活废水排放到水体中。因此,建立快速、灵敏的 PPi 检测方法具有重要意义,特别是在水介质中。

在过去的几年中,有多种检测方法被报道用于 PPi 相关检测。在这些检测方法中,比色法因成本低、方便、快速、可视等突出优势而备受关注。最近,基于芘的光学分析——对阳离子和阴离子的选择性传感响应在超分子化学中引起了强烈的关注。通常,芘常被用作信号报告单元来建立比色探针和荧光探针。实际上,比色探针不仅包括信号报告单元,还包括结合位点。尿素基团(—NH—CO—NH—)作为良好的氢供体,是阴离子受体的理想构建单元。到目前为止,这种与官能团结合的尿素衍生物被广泛用于阴离子识别,它是通过与阴离子形成氢键来感知变化以进行检测的。

因此,笔者以1-芘甲胺盐酸盐和对硝基苯异氰酸酯为原料,通过简单的反应,成功地设计并合成了一种简单、选择性强的PPi比色传感器(L5)。在高竞争环境下,无论是在DMSO/15% H_2O 溶液还是在DMSO/15% HEPES (10 mmol·L^{-1}, pH=7.2)缓冲溶液中,该传感器对PPi离子都表现出快速和选择性的响应。PPi加入主体后,在475 nm处出现新的紫外吸收峰,并观察到明显的吸收增强,溶液颜色由无色变为黄色。紫外-可见光谱及^{1}H-NMR滴定表明,配体溶液颜色前后的变化是由于脲基团在阴离子诱导下发生了去质子化反应。该比色传感器对PPi的检测限为 2.5×10^{-4} mol·L^{-1}。紫外-可见光谱和^{1}H-NMR研究表明,该配体与PPi以1:1模式作用。此外,基于该受体的测试条可以方便地用肉眼检测水溶液中的PPi,PPi引入后,颜色信号由原来的"off"转变为"on"。

6.2 实验部分

6.2.1 药品和测试仪器

所有阴离子和TBA盐,1-芘甲胺盐酸盐、对硝基苯异氰酸酯、焦磷酸钾、三乙胺和18-冠醚-6以及其他溶剂和试剂都是分析纯,商业途径购买,并直接使用。^{1}H-NMR和^{13}C-NMR谱图由Varian Mercury plus-600核磁共振波谱仪检测,分辨率分别为400 MHz和150 MHz,并以TMS为内标。紫外光谱在普析通用TU-1901分光光度计上测量。熔点由X-4数字显微熔点仪测得。

6.2.2 实验基本操作

6.2.2.1 单晶结构解析

X射线衍射数据在Bruker SMART APEX II 单晶X射线衍射仪上完成。用经过石墨单色器单色化的Mo-Kα射线($\lambda=0.71073$ Å),在293 K下以$\omega-2\theta$扫描方式收集衍射数据。运用SADABS程序进行经验吸收校正。应用SHELXS程序的直接法解析结构。所有非氢原子采用SHELXL程序全矩阵最小二乘法进行各向异性精修,与其相连接的氢原子都由理论加氢程序找出(热参数当量1.2倍于与其连接的母体非氢原子)。

6.2.2.2 ^{1}H-NMR 滴定

首先配制用于进行 ^{1}H-NMR 滴定的主体溶液(5.0 mmol·L^{-1})[DMSO-d_6/15% H$_2$O (V/V) 0.5 mL 体系],再配制阴离子储备液(1 mL, 0.05~1.00 mol·L^{-1})。每次将少量(2~5 μL)客体离子的滴定样滴加到用 5 mm 核磁管盛装的 0.5 mL 主体储备液中。每次滴加后扫描核磁谱图并记录数据。

6.2.3 配体的合成与表征

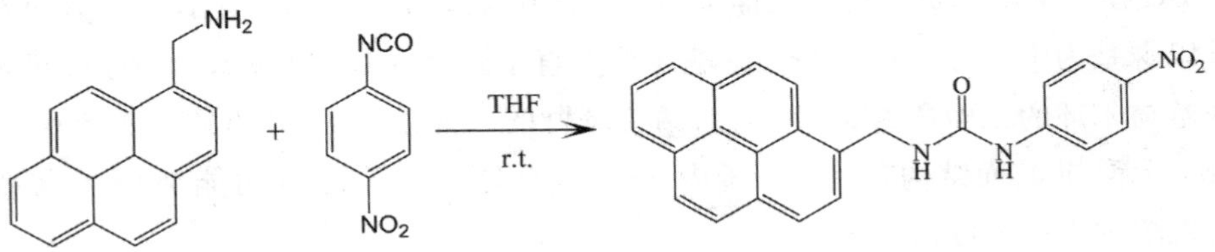

图 6-1 配体 L5 的合成路线

配体 L5 的合成与表征:

250 mL 三口烧瓶中,室温下将 1-芘甲胺盐酸盐(1.08 g, 4.0 mmol)和 4 mL 三乙胺加入到 40 mL 干燥 THF 中,搅拌 5 min。然后将对硝基苯异氰酸酯(1.25 g, 5.0 mmol)加到上述溶液中。将混合物搅拌过夜,并且过滤出沉淀,并用 THF 和乙醚洗涤数次,然后真空干燥,得到黄色固体纯 L5 (1.36 g, 86%)。熔点:258~259 ℃。^{1}H-NMR (600 MHz, DMSO-d_6, ppm):δ9.41 (s, 1H, NHa), 8.45 (d, J = 9.2 Hz, 1H, H10), 8.34~8.26 (m, 4H, H4~H7), 8.18~8.13 (m, 4H, H2, H3, H8, H9), 8.12~8.05 (m, 2H, H11), 7.66 (d, J = 8.9 Hz, 2H, H12), 7.17 (t, J = 5.8 Hz, 1H, NHb), 5.09 (d, J = 5.8 Hz, 2H, H1)。^{13}C-NMR (125 MHz, DMSO-d_6):154.8 (CO), 147.5 (C), 140.9 (C), 133.6 (C), 131.2 (C), 130.7 (C), 130.6 (C), 128.4 (CH), 128.1 (CH), 127.8 (CH), 127.5 (CH), 126.9 (CH), 126.7 (CH), 125.7 (CH), 125.6 (3CH), 125.2 (CH), 124.5 (CH), 124.4 (CH), 123.5 (CH), 117.4 (2CH), 41.5 (CH$_2$)。配体 L5 的合成路线如图 6-1 所示。

6.3 结果与讨论

6.3.1 配体的合成与表征

以对硝基苯异氰酸酯与 1-芘基甲胺盐酸盐在四氢呋喃溶液中反应,合成了配体 L5(图 6-1)。该配体可溶于二甲基亚砜(DMSO)、N,N-二甲基甲酰胺(DMF),微溶于甲醇(MeOH)和乙腈。配体通过核磁和单晶 X 射线衍射表征。在室温下,醚缓慢扩散到配体的 DMSO 溶液中,约 2 周,得到了适合 X 射线结晶分析的黄色针状晶体。CCDC 号为 2003947,该配体的晶体数据可通过 CCDC 在线网站免费获得。配体 L5 的分子结构如图 6-2(a)所示。芘基和苯基以脲基为中心分布在两侧。芘基几乎垂直于脲基,扭转角为 86.3(6)°,同时脲基与苯环的二面角为 35.0(8)°,两芳基臂的二面角为 67.8(6)°。如图 6-2(b)所示,非共面结构有利于分子内 N—H…O 氢键的形成,这可能是 L5 在传统有机溶剂中溶解度低的原因。

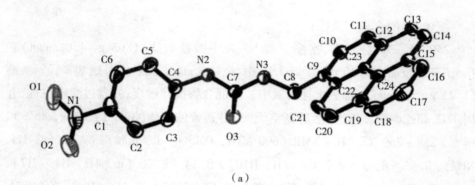

(a)

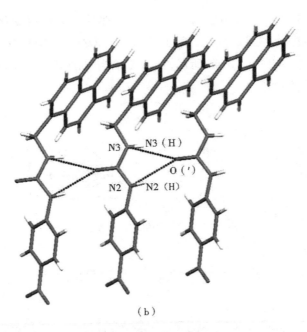

图 6-2 配体 L5 结构

注:(a) 配体 L5 的椭球图(在 60% 概率水平上绘制椭球体);(b) 沿着 b 结晶轴方向延伸的脲基特征[氢键用虚线绘制;原子名称只报告了参与两个独立氢键的原子;对称码:$(') = (0.5 + X, -Y, 0.5 + Z)$]。

6.3.2 溶液性质研究

6.3.2.1 紫外-可见光谱研究

由于 L5 水溶性比较差,因此研究了 L5 与阴离子在 DMSO/15% H_2O 溶剂中的紫外-可见光谱特性。配体在 317 nm、330 nm 和 347 nm 处出现由芘单元 $\pi-\pi^*$ 跃迁引起的特征吸收带。在其水溶液中加入 4.0 倍当量的阴离子,如 $P_2O_7^{4-}$(K^+/18-冠醚-6)和 SO_4^{2-}、HPO_4^{2-}、PO_4^{3-}、Ac^-、F^-、Cl^-、Br^-、I^-、NO_3^-,L5 的紫外-可见光谱出现一个新的条带,最大波长为 475 nm,对应于 L5 在水溶液中与 PPi 的络合物 L5-PPi,其颜色由无色变为黄色。另一方面,SO_4^{2-} 阴离子几乎没有改变溶液的颜色,但在紫外-可见光谱中有轻微的变化。在

358~430 nm 之间，L5 与 SO_4^{2-} 发生络合反应，吸收曲线略有变化。在加入其他阴离子后未观察到明显的变化，表明 L5 在 DMSO/15% H_2O 中对 PPi 具有较好的比色选择性。如图 6-3(b) 所示，加入 4 倍当量的 PPi 后，含 L5 的溶液颜色立即由无色变为黄色。

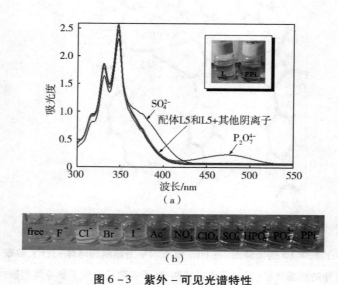

图 6-3 紫外-可见光谱特性

注：(a) 紫外光谱；(b) L5 (50 μmol·L^{-1}) 加入不同的 TBA 阴离子或 PPi/18-冠醚-6 (100 mmol·L^{-1}) 的颜色变化图

为了更好地了解芘基单脲对 PPi 的反应机制，用 $K_4P_2O_7$/18-冠醚-6 对 L5 的 DMSO/15% H_2O 溶液进行了紫外滴定。探针 L5 在加入不同量的 PPi (0~22 倍当量) 后，滴定光谱如图 6-4(a) 所示。当加入 0~2 倍当量的 PPi 时，由于该阴离子与脲基发生氢键结合，在 317 nm、330 nm 和 347 nm 处的吸光度带略有下降。随着 PPi 浓度的增加，在 317 nm、330 nm 和 347 nm 处的吸光度进一步降低，同时在 475 nm 处出现了一个新的强吸收带 (ε = 9258 L·mol^{-1}·cm^{-1})，这可以归因于 PPi 阴离子将脲基的 NH 去质子化的典型信号。在 L5 的溶液中加入 OH^- (以 Bu_4NOH 的形式)，得到了与 PPi 观察到的类似的紫外-可见光谱变化 (图 6-5)。这进一步证实了 475 nm 处的峰是由脲基去质子化引起的。当 PPi 浓度达到 22 倍当量时，最大吸光度变化 ($|A_0 - A|$) 为 0.65，如图 6-

4(b)所示。

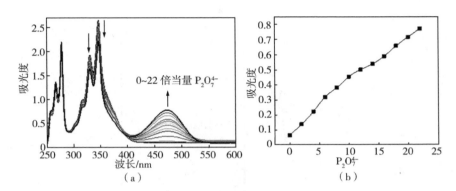

图 6-4 紫外-可见光谱变化

注:(a)当 PPi(0~22 倍当量)在 DMSO/15% H_2O 溶液中滴定时,L5(50 μmol·L^{-1})的吸收光谱变化;(b)475 nm 处的吸光度随 PPi 的增加而变化。

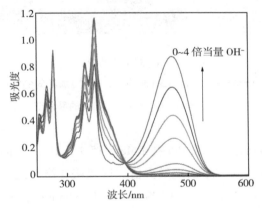

图 6-5 在 DMSO/15% H_2O 溶液中,OH^-(0~4 倍当量)加入 L5(20 μmol·L^{-1})后的吸收光谱变化图

此外,考虑到实际应用中对 PPi 的检测,在 DMSO/15% HEPES(10 mmol·L^{-1},pH = 7.2)缓冲液中,研究了 L5 对 PPi 的识别能力。与在 DMSO/15% H_2O 中观察到的现象一致,只有在加入 100 倍当量时才出现一个以 475 nm 为中心的新条带,PPi[图 6-6(a)]等阴离子除 SO_4^{2-} 外没有发生光谱变化。在加入 100

倍当量不同的阴离子后,只有 PPi 可以肉眼观察到颜色由无色变为黄色,如图 6-6(b)所示。

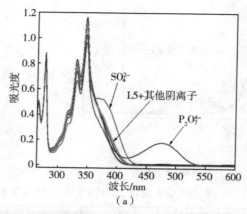

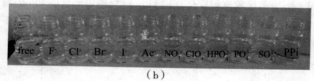

图 6-6　L5 对 PPi 的识别能力

注:(a)紫外光谱;(b) L5 (50 μmol·L^{-1})加不同的阴离子或 PPi/18-冠醚-6(100 mmol·L^{-1})的颜色变化图。

如图 6-7(a)所示,L5 和 PPi 在 DMSO/15% H$_2$O 中的 Job's plot 曲线显示物质的量之比为 0.5 时,ΔA 出现最大值。这表明在络合过程中 L5 可以与 PPi 阴离子以 1:1 的比例结合。根据 Benesi-Hildebrand 方程(B-H 方程),在 475 nm 处测量的吸光度 $1/(A-A_0)$ 与 $1/[\text{PPi}]$ 的变化呈线性关系($R=0.993$),如图 6-7(b)所示,也证明了 PPi 和 L5 之间 1:1 的化学计量关系,这与紫外-可见光谱滴定的 Job's plot 图分析一致。根据 1:1 化学计量关系和紫外-可见光谱滴定数据,在 DMSO/15% H$_2$O 溶液中,L5 与 PPi 的结合常数为 875 L·mol^{-1}。此外,根据 $\Delta G^{\theta}=-2.303RT\lg K$ 方程[ΔG^{θ} 是 L5-PPi 配合物的自由能(kJ·mol^{-1}),R 是气体常数(8.314 J·mol^{-1}·K^{-1}),T 是热力学温度(298 K),K 是 L5-PPi 配合物在 298 K 下的结合常数],计算得出 L5-PPi 配合

物的标准吉布斯自由能(ΔG^{θ}),结果为 -16.79 kJ·mol^{-1},从理论上证明了该探针可以检测水介质中的 PPi。

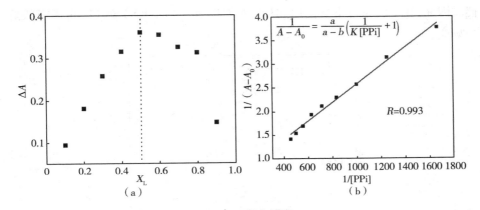

图 6-7 结合情况

注:(a) Job's plot 曲线;(b) B-H 方程曲线。

在实际应用中,检测限(LOD)也是一个关键参数。根据 IUPAC 的定义(LOD = $3\sigma/k$,其中 σ 代表空白溶液的标准偏差,k 代表校准曲线的斜率),计算出探针 L5 在水溶液中测定 PPi 的 LOD 值为 2.5×10^{-4} mol·L^{-1},L5 测定 PPi 的校准曲线如图 6-8 所示。

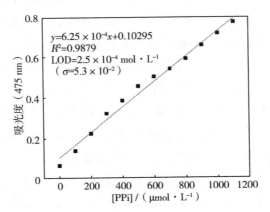

图 6-8 L5 在 475 nm 处的吸光度随 PPi 浓度变化线性关系曲线

为了了解 pH 值对传感过程的影响,笔者测试了 L5 和 L5-PPi 在不同 pH

值(2~12)条件下的紫外-可见光谱(图6-9)。在没有 PPi 的情况下,探针 L5 在 pH 值小于 10 时是稳定的。在有 PPi 存在的情况下,且在酸性条件下, 475 nm 的吸光度受到抑制,但在碱性条件(7~12)下,探针 L5 对 PPi 的检测最佳。因此,在生物条件下可使用 pH 值为 7.0~8.4,探针 L5 对 PPi 可以有较好的响应。

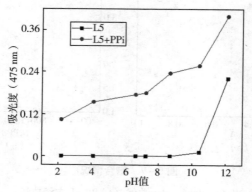

图 6-9 pH 值对 L5 (50 μmol·L^{-1}) 和 L5-PPi 配合物 (50 μmol·L^{-1}) 紫外-可见光谱的影响

6.3.2.2 核磁滴定研究

在 DMSO-d_6/15% H$_2$O 中进行 ^{1}H-NMR 滴定,以获得关于 L5 与 PPi 相互作用的更详细信息(图 6-10)。用高达 8 倍当量的 PPi 滴定 5 mmol·L^{-1} DMSO-d_6/15% H$_2$O 的 L5 溶液(PPi 越多,络合物的溶解度越低)。在加入 1 倍当量的 PPi 后,观察到 NH 信号的连续变宽和明显的低场位移(图 6-11),以及芘基 H10 和连接子亚甲基(CH$_2$)信号的轻微高场位移,表明 PPi 和脲基之间形成了氢键。当加入 2 倍当量的 PPi 时,NH 信号完全消失,表明 NH 质子已经完全去质子化。大部分芳香族 C—H 信号发生了明显的高场位移,尤其是苯基的 H11 和 H12 的质子信号分别发生了 0.32 ppm 和 0.46 ppm 的高场位移。相比之下,笔者观察到芘基部分的 H10 有轻微的低场位移,这与在 OH$^-$ 中观察到的情况相似(图 6-12)。这些结果归因于去质子化过程中芳香族系统周围电子密度的增加。根据以上紫外-可见光谱滴定、Job's plot 实验和 ^{1}H-NMR 滴定的结果,提出了 L5 与 PPi 在 DMSO-d_6/15% H$_2$O 溶液中的结合机制,如图 6-13 所示。探针 L5 与 PPi 相互作用过程可以分为两步:①在较低的 PPi 浓度

(0~2倍当量)下,产生了PPi…H—N氢键;②随着PPi浓度的增加(2~22倍当量),过量的PPi与L5-PPi复合物相互作用,导致探针L5发生去质子化反应,并伴随颜色变化(从无色到黄色)。在过量PPi的情况下,PPi可以和脲基的N—H产生很强的相互作用,从而产生去质子化作用,使该检测溶液从无色到黄色的选择性颜色变化,这可归因于客体碱性和芘的负电荷,这些现象可由上述紫外-可见光谱和^{1}H-NMR研究证明,这与OH^-的去质子化观察结果相似,证明L5与PPi之间的去质子化机制。正如所看到的,L5在475 nm处与PPi络合的吸光度增强是由于酸度的增加阻碍了脲基的N—H去质子化过程,这也可以通过pH值研究得到证实。在酸性条件下,没有观察到探针L5的紫外-可见光谱在475 nm处的峰,但当pH>10时,吸光度明显增加,且颜色由无色变为黄色(图6-14)。此外,在PPi存在的情况下,吸光度强度略有变化,但在碱性条件下有显著变化(图6-9),这些结果与OH^-存在时的结果很好吻合。

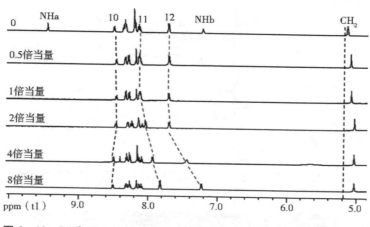

图6-10　L5和PPi(以K^+/18-冠醚-6形式加入)的滴定核磁谱图

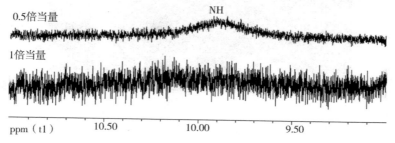

图6-11　L5与0.5倍当量和1倍当量PPi在DMSO-d_6/15%H_2O溶液中的^{1}H-NMR谱图

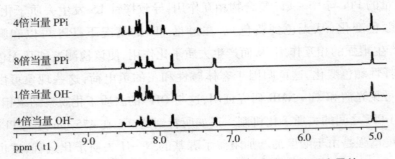

图 6-12　L5 在 DMSO-d_6/15% H_2O 溶液中存在不同当量的 PPi 和 OH^- 时的部分 ^1H-NMR 谱图

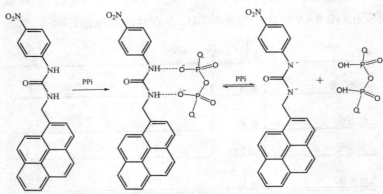

图 6-13　L5 与 PPi 在 DMSO-d_6/15% H_2O 溶液中的结合示意图

图 6-14　L5(50 $\mu mol \cdot L^{-1}$) 在不同 pH 下在 DMSO-d_6/15% HEPES 中的颜色变化

6.3.2.3 单脲受体 L5 与 SO_4^{2-} 的结合研究

由图 6-15 和图 6-16 可知,在相同的实验条件下,加入 SO_4^{2-} 后,由于 L5 与 SO_4^{2-} 之间可能形成了 $SO_4^{2-}\cdots H—N$ 氢键,在 358~430 nm 之间吸收谱线略有增加,呈现浅绿色。Job's plot 实验结果显示主客体形成了 2∶1 复合物,与 ^1H-NMR 滴定结果一致,而 L5 与 SO_4^{2-} 的结合常数为 467 $L\cdot mol^{-1}$。结合模式与 PPi 有明显不同(图 6-17)。

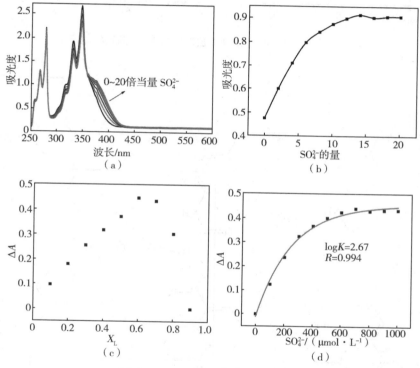

图 6-15 L5 与 SO_4^{2-} 的结合研究

注:(a)向 DMSO/15% H_2O 的 L5 (50 $\mu mol\cdot L^{-1}$)溶液内加入 0~20 倍当量的 SO_4^{2-} (TBA 盐)的紫外吸收光谱;(b)在波长 385 nm 处的紫外吸收与加入不同量 SO_4^{2-} 变化的曲线图;(c)Job's plot 曲线;(d)随阴离子加入的紫外吸收变化拟合曲线图。

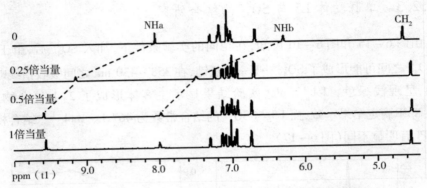

图 6-16　L5 和 SO_4^{2-}（以 TBA 盐形式加入）的滴定核磁谱图

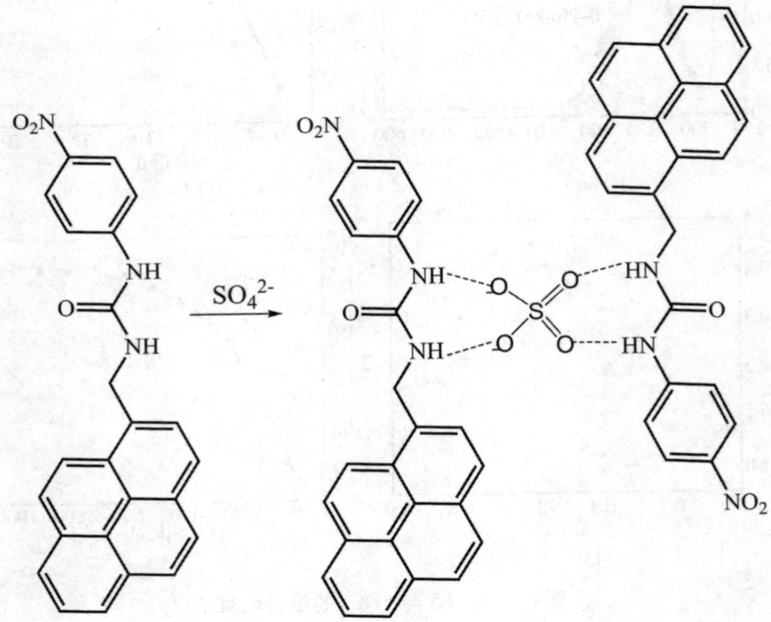

图 6-17　在 DMSO/15% H_2O 溶液中 L5 与 SO_4^{2-} 阴离子的结合示意图

6.3.2.4　实际应用

为了便于实际应用中使用 L5 检测 PPi,将滤纸浸泡在 L5(10 mmol·L^{-1})

的 DMSO/15% H_2O 溶液中制备试纸条,并将试纸条暴露于空气中干燥。在可见光下,当 PPi 水溶液慢慢滴到试纸条上时,颜色立即从无色变为黄色。如图 6-18 所示,只有添加 PPi 时,才会观察到明显的颜色变化。其他竞争性阴离子对 PPi 的检测没有影响。因此,该试纸条可以方便地检测水溶液中的 PPi。

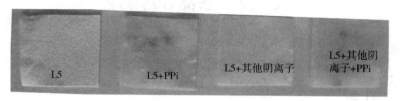

图 6-18 试纸条暴露在 PPi 和其他阴离子下的反应照片

6.4 小结

综上所述,笔者成功地开发了一种简单的单苊酰脲配体(L5),并作为一种比色传感器,在竞争环境(含 15% H_2O)中表现出对 PPi 的快速和选择性反应。在 DMSO/15% H_2O 溶液和 DMSO/15% HEPES(10 mmol·L^{-1},pH = 7.2)缓冲液中进行紫外-可见光谱滴定,选择性检测 PPi,由于探针 L5 的去质子化,在上述溶液中分别出现了 475 nm 处的新峰,并且颜色由无色变为黄色,吸收增强明显,并计算出探针 L5 对 PPi 的比色响应的检测限为 2.5×10^{-4} mol·L^{-1}。紫外-可见光谱、结合比和 ^1H-NMR 研究表明,L5 与 PPi 以 1∶1 的结合模式结合。此外,基于 L5 的检测试纸条可方便地在水溶液中肉眼检测 PPi,添加 PPi 后可显示出明显的"开"色信号增强。

第7章 焦磷酸根导向的芘基双脲功能化荧光传感器的构建

7.1 引言

磷酸根阴离子普遍存在于生命和环境体系中,其在维持生命体系正常运转和保持生态平衡方面起至关重要的作用。比如,无机磷酸盐阴离子是人体缓冲系统的重要组成,但也会给环境带来危害,如含磷洗涤剂使用造成水体资源的"富营养化"。此外,许多生物分子也携带磷酸基,如生物系统中,最重要的磷酸根阴离子——腺苷三磷酸(ATP),是生物体细胞一切生命活动所需能量的直接来源。再如,焦磷酸根($P_2O_7^{4-}$,PPi)是 ATP 水解产物,在生物代谢、生命能量转化中起着关键作用。此外,PPi 也扮演其他关键角色,如 DNA 复制,抑制血浆和尿液钙化,抑制细胞液羟磷灰石化。再到环境中有机磷类除草剂的使用,如草甘膦,至今仍存有致癌争议,最近研究报道发现草甘膦可促进肥胖、肾脏和前列腺疾病等的跨代遗传。可见,不管是生物领域还是环境领域,对磷酸根阴离子的识别和监测都具有重要的研究和应用价值。

焦磷酸根的检测方法多种多样,目前已经报道的主要有电化学法(离子选择电极是一类电化学传感器,它接受外来物理信号并将其转换成可以进行传输、测量或控制的电位信号),色谱法(离子色谱分析法是离子在固定相与流动相间具有不同的分配系数,当待测样品随着流动相进入分离柱时,各种离子与离子交换树脂之间具有不同的相对亲和力被分离出来,通过电导检测器绘出的色谱图可测得各离子的含量),光谱法(在荧光分析法中,目标分析物引起的荧光变化与其在溶液中的浓度具有一定的关系)等。

芘,作为一种常见的荧光团,其非极性和大平面 sp^2 共轭结构带来相当大的 $\pi-\pi$ 堆积作用。芘在不同极性溶剂和不同浓度的环境中,呈现出不同的形式,如单体、二聚体或聚集体，在光谱上体现为不同波长的发射峰。此外，芘的荧光量子产率高（在丙酮中，荧光量子产率高达 0.99），同时结构易于修饰，细胞渗透性好，被广泛用作荧光探针发色团。因此，芘基荧光传感器在检测离子方面的应用也是超分子体系研究的重点。1955 年，Förster 和 Kasper 首次报道了芘溶液中存在分子间激基缔合，形成的激基缔合物具有激发态寿命长，高的发光效率，呈现出不同于单体的光化学现象及对微环境敏感等特点，这一研究发现促使芘被广泛应用于荧光分子探针和微环境的识别感应研究中。根据荧光强度的变化方式不同，芘作为荧光染料可以构建增强型（turn – on）荧光探针、猝灭型（turn – off）荧光探针和比率型荧光探针，以此减少外界环境的干扰，提高检测的准确性。通过引入活性基团可以对芘进行修饰，实现荧光特性、水溶性、静电相互作用、氢键、疏水作用等一系列性能的改性，从而达到应用目的。目前，芘的一些衍生物已经开始被用于检测磷酸根阴离子，其开发与应用潜能也受到了肯定。

Cao 等人报道了一种芘功能化聚降冰片烯，以磺胺 NH 和三唑为识别位点，在 100% 水溶液中对 PPi 进行了比率荧光传感，检测限为 0.14 $\mu mol \cdot L^{-1}$，这项工作提供了一种新颖和简单的无金属策略检测 PPi。Espinosa 等人设计合成了芘功能化的双（咔唑）三脲荧光受体，在乙腈溶液中对 $HP_2O_7^{3-}$ 显示比率型响应，该受体提供预组织空腔及边缘效应以减轻 $HP_2O_7^{3-}$ 暴露在主体外部，提高其检测灵敏度。Anzenbacher 等人通过乙炔桥将芘基连接到吡咯喹喔啉（DPQ）上，得到焦磷酸根受体，使共轭体系中的激发态离域，受体荧光相比于 DPQ 大大增强，加入 $HP_2O_7^{3-}$ 表现为荧光猝灭，利用该策略实现长波长发射荧光探针的构建。

在这项工作中，考虑到笔者所在课题组在 PPi 检测领域的早期研究，笔者将芘基放在双脲骨架的末端，并制备了配体 L6^2（2 表示尿素基团的数量），如图 7 – 1 所示，该受体显示了对 PPi 的良好选择性。^{1}H – NMR 滴定实验、荧光光谱和紫外 – 可见光谱结果表明，该受体可以选择性识别 DMSO/15% H_2O 中的 PPi 而不是其他阴离子。当加入 PPi 时，L6^2 的紫外光谱图上出现了新的吸收峰，并伴随着"肉眼"可见的颜色变化，并发现 L6^2 荧光发射强度降低，同时，真实水样中的 PPi 也可以通过 L6^2 实现监测。

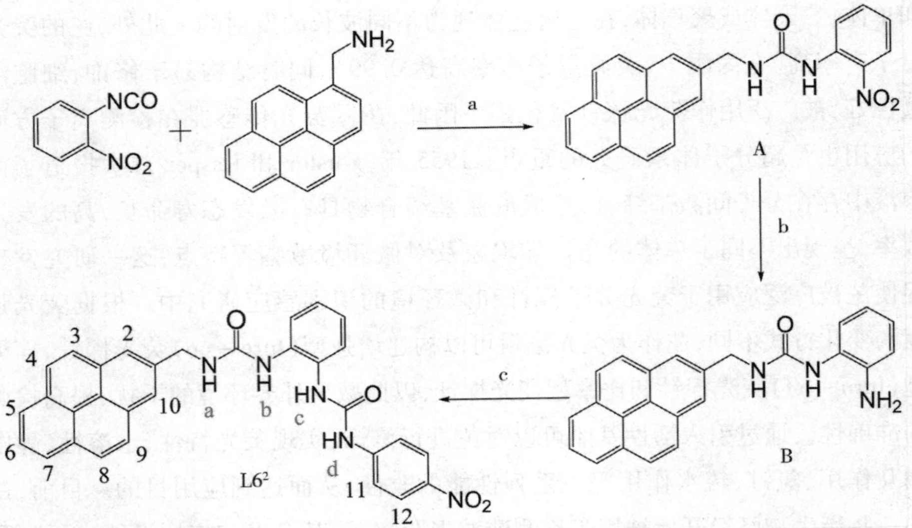

图 7-1　A、B 和 L6² 的合成

注：a 为 THF，回流；b 为 $NH_2NH_2 \cdot H_2O$，10% Pd/C，EtOH；c 为对硝基苯异氰酸酯，THF，回流。

7.2　实验部分

7.2.1　药品和测试仪器

所有使用的化学材料和溶剂均为光谱级。在 Bruker Avance 光谱仪上，分别在 600 MHz 和 151 MHz 下，使用 TMS 作为内标，在 $DMSO-d_6$ 或 $DMSO-d_6$/15% H_2O 溶液中测量 ^1H-NMR 和 $^{13}C-NMR$ 谱图。采用 Thermo Scientific UPLC-Q-Orbitrap-MS 质谱仪进行高分辨质谱（HRMS）分析。在普析通用 TU-1901 分光光度计上记录紫外-可见光谱。在 Lifetime FLS920 上获得荧光光谱。

7.2.2　实验基本操作

7.2.2.1　^1H-NMR 滴定

首先配制用于进行 ^1H-NMR 滴定的主体溶液（5.0 mmol·L^{-1}）[DMSO-

d_6/15% H_2O（体积比）0.5 mL体系］，再配制阴离子储备液（1 mL，0.05~1.00 mol·L^{-1}）。每次将少量（2~5 μL）客体离子的滴定样滴加到 0.5 mL 主体储备液中。每次滴加后扫描核磁谱图并记录数据。

7.2.2.2 紫外滴定

首先配制主体溶液（1.0 × 10^{-5} mol·L^{-1}）的 DMSO/15% H_2O 标准溶液，然后配制阴离子客体标准滴定液（2 mL，2~10 mmol·L^{-1}）。每次将少量（2~5 μL）客体离子的滴定液滴加至主体（2.0 mL）母液中，随后扫描谱图。

7.2.2.3 Job's plot 滴定

紫外-可见光谱：将主体（5.0 mmol·L^{-1}）和客体（5.0 mmol·L^{-1}）的 DMSO/15% H_2O（10.0 mL）的原液配制在单独的量瓶中。于 10 个石英比色皿（1 cm）中分别按以下（主体/客体）比例在 288 K 分别加入 2 mL 的主体/客体溶液：10:0,9:1,8:2,7:3,6:4,5:5,4:6,3:7,2:8,1:9。在 288 K 下获得每次紫外光谱。

7.2.2.4 荧光滴定

首先配制主体溶液（5.0 × 10^{-6} mol·L^{-1}）的 DMSO/15% H_2O 标准溶液，然后配制阴离子客体标准滴定液（2 mL，1~5 mmol·L^{-1}）。每次将少量（2~5 μL）客体离子的滴定液滴加至主体溶液（2.0 mL）的母液中，随后扫描谱图。

7.2.3 配体的合成与表征

7.2.3.1 1-(($3a^1,5a^1$-dihydropyrene-2-yl)methyl)-3-(2-nitrophenyl)urea(A)

将 1-芘甲胺盐酸盐（1.08 g,4.0 mmol）和 4 mL 三乙胺加入 40 mL 干燥 THF 中,室温搅拌 5 min,然后将邻硝基苯异氰酸酯（1.25 g,5.0 mmol）加到上述溶液中。将混合物回流过夜,过滤出沉淀并用 THF 和乙醚洗涤数次,然后真空干燥,得到分析纯的黄色固体 A（1.27 g,79%）。熔点 198 ℃。^{1}H-NMR

(600 MHz,DMSO - d_6) :δ9.48 (s,1H,NH),8.43 (d,J = 8.8 Hz,1H,CH),8.40 (d,J = 8.6 Hz,1H,CH),8.33 (d,J = 8.4 Hz,1H,CH),8.33 ~ 8.27 (m,3H,CH),8.23 (s,1H,CH),8.18 (s,2H,CH),8.14 ~ 8.07 (m,2H,CH),8.06 (d,J = 8.5 Hz,1H),7.67 (t,J = 8.0 Hz,1H,CH),7.14 (t,J = 7.9 Hz,1H,NH),5.08 (d,J = 4.8 Hz,2H,CH2)。^{13}C - NMR (151 MHz,DMSO - d_6) :δ 154.67,137.43,136.25,135.48,133.41,131.28,130.80,130.71,128.63,128.19,127.88,127.60,127.26,126.78,125.82,125.79,125.70,125.30,124.56,124.41,123.67,122.52,122.00,67.49。$C_{24}H_{17}N_3O_3$ 理论计算值:C,72.90%;H,4.33%;N,10.63%。实测值:C,72.85%;H,4.45%;N,10.69%。

7.2.3.2　1 - (2 - aminophenyl) - 3 - ((3a^1,5a^1 - dihydropyren - 2 - yl)methyl)urea(B)

将水合肼(2.0 mL)逐滴加到 A(0.78 g,1.97 mmol)和 10% Pd/C(0.056 g,催化剂)的乙醇(250 mL)的悬浮液中。回流 12 h 后,将固体通过减压过滤,然后溶于 DMSO(30 mL)中,通过硅藻土过滤去除 Pd/C。将 DMSO 溶液倒入水中(300 mL),过滤出得到的沉淀,并用乙醇和乙醚洗涤几次后,然后真空干燥,得到分析纯的白色固体 B (0.42 g,58%)。熔点 214 ~ 216 ℃。^{1}H - NMR (600 MHz,DMSO - d_6) :δ8.46 (d,J = 9.2 Hz,1H),8.30 (dt,J = 17.4,8.8 Hz,4H),8.17 (s,2H),8.14 ~ 8.06 (m,2H),7.67 (s,1H,NH),7.35 (d,J = 7.9 Hz,1H),6.86 (t,J = 5.8 Hz,1H,NH),6.80 (t,J = 7.6 Hz,1H),6.70 (d,J = 7.8 Hz,1H),6.55 (t,J = 7.6 Hz,1H),5.05 (d,J = 5.7 Hz,2H),4.72 (s,2H,NH2)。^{13}C - NMR (151 MHz,DMSO - d_6) :δ 156.27,140.99,134.43,131.30,130.83,130.51,128.49,128.05,127.90,127.45,126.89,126.74,125.95,125.71,125.63,125.29,124.55,124.45,124.38,123.77,123.73,117.27,116.29,41.63。$C_{24}H_{19}N_3O$ 理论计算值:C,78.88%;H,5.24%;N,11.50%。实测值:C,78.75%;H,5.35%;N,11.49%。

7.2.3.3　1 − (2 − (3 − (4 − nitrophenyl) ureido) phenyl) − 3 − (pyren − 2 − ylmethyl) urea（L6²）

于 150 mL 三口烧瓶中，在室温下，将 B(0.4 g, 1.1 mmol) 加入 40 mL THF 中搅拌，然后将对硝基苯异氰酸酯(0.27 g, 1.6 mmol) 加到上述白色悬浮液中。将混合物搅拌过夜，过滤出沉淀并用 THF 和乙醚洗涤数次，然后真空干燥，得到黄色固体 L6²(0.46 g, 64%)。^{1}H − NMR (600 MHz, DMSO − d_6)：δ 9.83（s, 1H），8.46（d, J = 9.1 Hz, 1H），8.27（dd, J = 14.5, 7.3 Hz, 5H），8.17 ~ 8.10（m, 5H），8.10 ~ 8.05（m, 2H），7.66（dd, J = 8.5, 4.8 Hz, 3H），7.49（d, J = 7.9 Hz, 1H），7.25（t, J = 5.7 Hz, 1H），7.13（t, J = 7.7 Hz, 1H），7.06（t, J = 7.6 Hz, 1H），5.08（d, J = 5.6 Hz, 2H）。^{13}C − NMR (151 MHz, DMSO − d_6)：δ 156.23，153.20，147.16，141.29，134.01，133.51，131.27，130.77，130.59，130.10，128.57，128.12，127.86，127.52，127.11，126.75，125.75，125.70，125.63，125.59，125.46，125.27，124.55，124.41，123.76，123.71，123.44，117.76，41.71。$C_{31}H_{23}N_5O_4$ 理论计算值：C, 70.31%；H, 4.38%；N, 13.23%。实测值：C, 70.34%；H, 4.45%；N, 13.25%。ESI − MS m/z：648.0657 $[L^2 + SO_4^{2-} + Na]^+$。

7.3　结果与讨论

7.3.1　配体的合成与表征

L6² 的合成方法如图 7 − 1 所示。根据已报道的合成方法，双脲基受体 L6² 是通过对硝基苯异氰酸酯与 B 反应得到的，其中 B 是通过 A 在 10% Pd/C 的乙醇催化下还原得到的。合成的详细过程可以见实验部分。L6² 的一端被硝基修饰，使得脲基 NH 质子具有更强的酸性。所获得的受体仅溶于 DMSO 和 DMF。通过 NMR、ESI − MS 和元素分析对其进行了充分的表征和确认（见附图）。通过 ^{1}H − NMR、荧光光谱和紫外 − 可见吸收光谱法研究了 L6² 对 PPi 阴离子的结合特性。

7.3.2 溶液性质研究

7.3.2.1 紫外光谱的研究

首先,用紫外-可见吸收光谱法研究了 $L6^2$ 在 DMSO/15% H_2O 中对各种阴离子的选择性。如图 7-2 所示,游离的 $L6^2$ 在 318 nm、331 nm 和 346 nm 附近出现吸收峰,这是由芘基的 $\pi-\pi^*$ 跃迁引起的。当不同的测试阴离子:PPi(K^+/18-冠醚-6)、SO_4^{2-}、$H_2PO_4^-$、F^-、Cl^-、Br^-、I^-、NO_3^-、ClO_4^- 和 AcO^- 作为 Bu_4N^+ 盐(4 倍当量)分别加入到 $L6^2$ 溶液中,只有 PPi 引起了显著的紫外光谱变化,并在 460 nm 处观察到与 PPi 络合的 $L6^2$ 对应的一个新的吸收峰,导致混合溶液的颜色从无色变为棕黄色[图 7-2(a)]。然而,对于其他阴离子,溶液的颜色没有明显的变化,紫外-可见吸收光谱也证实了紫外光谱的变化可以忽略不计,这初步揭示了 $L6^2$ 对 PPi 有选择性的响应性能[图 7-2(b)]。

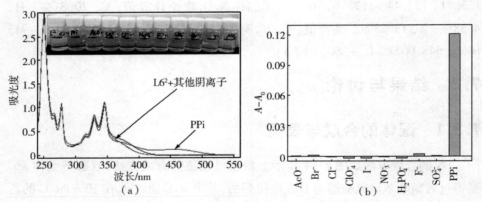

图 7-2 不同阴离子下的 $L6^2$ 紫外-可见吸收光谱

注:(a)不同阴离子对 $L6^2$ 紫外-可见吸收光谱的影响,插图为加入各种阴离子后的溶液颜色变化;
(b)加入各种阴离子后的 $L6^2$ 在 460 nm 处吸光度变化比较。

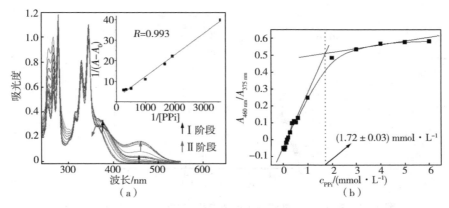

图 7-3 紫外滴定谱图

注：(a) L6^2 中逐渐滴加 PPi(0~300 倍当量)紫外滴定谱图，插图为 $1/(A-A_0)$ 与 $1/[\text{PPi}]$ 的关系图；(b) 随着 PPi 的增加，$A_{460\,\text{nm}}/A_{375\,\text{nm}}$ 处的吸收强度比值变化图。

随后，在 DMSO/15% H$_2$O 中加入 PPi/18-冠醚-6 对 L6^2 溶液进行紫外滴定，以更好地了解 L6^2 对 PPi 的比色变化。探针 L6^2 在 PPi 浓度从 0 增加到 6 mmol·L^{-1}（0~300 倍当量）时的谱图如图 7-3 所示。吸收峰变化可分为两个阶段（Ⅰ和Ⅱ阶段）。在 0~0.6 mmol·L^{-1} 的 PPi（Ⅰ阶段）中，由于脲基团与 PPi 之间形成氢键，在 358~430 nm 范围内的宽吸收峰的强度明显升高，此外，在此阶段去质子化过程也开始了，但在Ⅰ阶段并没有起主导作用，表现为在 460 nm 处出现了新的吸收峰，这是由于脲基单元的 NH 去质子化引起的电荷转移，并伴有轻度增强。随着 PPi 浓度进一步，增加到 6 mmol·L^{-1}（Ⅱ阶段），在 460 nm 处（ε = 141 L·mol^{-1}·cm^{-1}）的吸光度明显增强（图 7-4），但在 358~430 nm 的宽吸收峰的强度明显下降。这一行为通过在 L6^2 溶液中加 OH$^-$（Bu$_4$NOH）得到了证明，观察到了与 PPi 类似的紫外-可见吸收光谱变化（图 7-5）。这也解释了 460 nm 处的峰是由去质子化过程引起的。

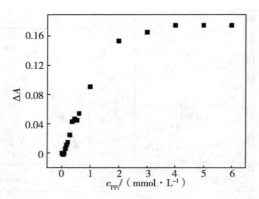

图 7-4 在 460 nm 处的吸光度值变化与 PPi 浓度变化的关系图

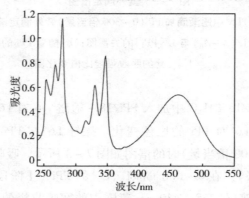

图 7-5 在 DMSO/15% H_2O 的 $L6^2$(20 μmol·L^{-1})溶液中
加入 10 倍当量的 OH^- 的紫外-可见吸收光谱图

以上结果表明,在Ⅰ阶段(低浓度的 PPi),$L6^2$更倾向于采用氢键与 PPi 相互作用,而在Ⅱ阶段,浓度相对较高,NH 基团发生去质子化。以脲基 NH 在 460 nm 处吸收有显著增加的去质子化浓度作为Ⅰ阶段和Ⅱ阶段临界转换浓度。随着 PPi 浓度的增加,460 nm 处的吸光度持续增加,在 DMSO/15% H_2O 溶液中估算临界转换浓度为(1.72 ± 0.03) mmol·L^{-1}[图 7-3(b)]。这种结合模式的改变也出现在之前的类似受体的报道中。此外,结合常数(lg$K$)也能更好地证明 $L6^2$和 PPi 之间的结合能力,根据 B-H 方程,紫外滴定数据中 460 nm 处吸收峰强度的变化与 PPi 的浓度呈线性关系,表明形成了 1∶1 的阴离子络合物。笔者根据 $1/(A-A_0)$ 对 $1/[PPi]$ 的绘图计算了结合常数(lg$K$),PPi(1∶1 结合模式)的结合常数为 2.43（$R = 0.993$）。Job's plot 结果也证明了在络合过程中 $L6^2$ – PPi 的结合比例为 1∶1（图 7 – 6）。$L6^2$ 的紫外 – 可见吸收光谱数据与 $0.1 \sim 1.0$ mmol·L^{-1} PPi 浓度范围呈近似线性关系，$R^2 = 0.9711$。用公式 LOD = 3σ/斜率（其中 σ 为空白值的标准差）估计受体 $L6^2$ 在 DMSO/15% H_2O 溶液中识别 PPi 的最低检测限（LOD）值为 1.6×10^{-4} mol·L^{-1}，校准曲线如图 7 – 7 所示。根据公式 $\Delta G^\theta = -2.303RT\lg K$，计算出 $L6^2$ – PPi 配合物的标准吉布斯自由能（ΔG^θ）为 -12.37 kJ·mol^{-1}，其中 R 是气体常数（8.314 J·mol^{-1}·K^{-1}），T 是热力学温度（288 K），K 是在 288K 时络合物的结合常数。因此，上述分析结果从理论上说明了 $L6^2$ 在水介质中可以与 PPi 结合。

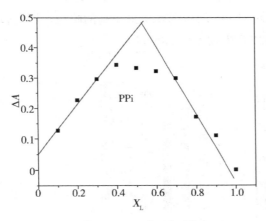

图 7 – 6　Job's plot 图

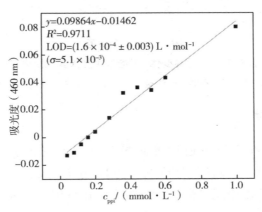

图 7 – 7　$L6^2$ 在 460 nm 处的吸光度强度与 PPi 浓度变化关系图

为了研究 $L6^2$ 对 PPi 的选择性和灵敏度,笔者还在 DMSO/15% H_2O 中,且在其他阴离子存在的情况下进行了竞争实验[图 7-8(a)]。首先,在 $L6^2$ 中加入各种阴离子(10 倍当量),在 460 nm 处没有观察到明显的吸收强度变化(浅灰色条带)。然而,在含有 AcO^-、Br^-、Cl^-、ClO_4^-、I^-、NO_3^-、F^-、$H_2PO_4^-$、SO_4^{2-} 等多种阴离子的 $L6^2$ 溶液中加入 10 倍当量的 PPi 溶液后,可以看到每种情况下在 460 nm 处的紫外吸收强度与没有加入干扰阴离子存在使用时的 PPi 情况(深灰色条带)相似。结果表明,$L6^2$ 对 PPi 检测具有一定的选择性和灵敏度。

此外,在不同的 pH 值条件下考察了 $L6^2$ 和 $L6^2$ + PPi 的紫外-可见吸收光谱,结果如图 7-8(b)所示。在 pH 值为 7 时,$L6^2$ 的紫外吸收强度无明显变化,加入 PPi 后,在酸性条件下,其在 460 nm 处的吸光度值受到明显抑制,但在碱性条件(7~12)下,$L6^2$ 对 PPi 的检测表现出较高的响应。因此,$L6^2$ 可以用于检测碱性 pH 值范围内以及生物条件下的 PPi。

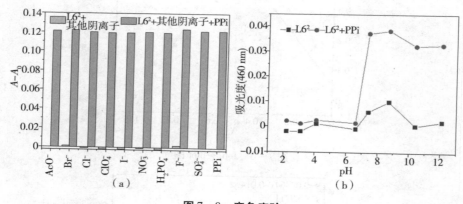

图 7-8 竞争实验

注:(a)竞争实验:浅灰色条带是在受体 $L6^2$ 溶液中加入其他阴离子,深灰色条带是在上述 $L6^2$ 溶液中加入 PPi;(b)不同 pH 值条件下,$L6^2$ 和 $L6^2$ + PPi 的紫外吸收强度的变化。

7.3.2.2 荧光滴定

另外,笔者还在室温下通过荧光光谱进行了阴离子结合性质的测试(图 7-9)。在 340 nm 波长激发下,游离的 $L6^2$ 在 377 nm、396 nm 和 416 nm 处出现典型的芘发射峰,而在 $L6^2$ 的 DMSO/15% H_2O 溶液中分别加入阴离子时,荧光发射强度降低。当存在 Br^-、I^- 和 ClO_4^- 阴离子时,荧光强度变弱,谱图不

第7章 焦磷酸根导向的芘基双脲功能化荧光传感器的构建

变,猝灭效率为20%。Cl^-、NO_3^-、AcO^-、$H_2PO_4^-$、F^- 的加入使 $L6^2$ 发射强度略有降低,且最大发射峰平缓蓝移约 3 nm,猝灭效率为15%;当 PPi 阴离子加入后,$L6^2$ 荧光发射强度有效猝灭效率≥70%,发生轻微蓝移约 2 nm,受体 $L6^2$ 加入 SO_4^{2-} 阴离子后,发射光谱向较长波长移动,荧光强度下降,猝灭效率50% [图7-9(a)]。结果还表明,受体 $L6^2$ 对 PPi 的结合能力比其他阴离子强,这与紫外滴定的结果相一致。

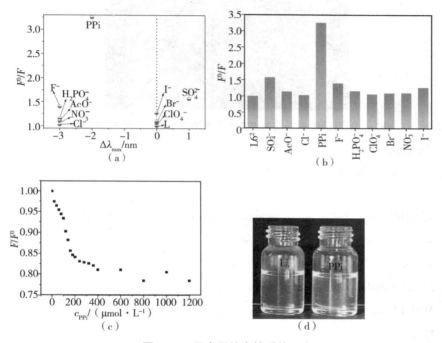

图 7-9 阴离子结合性质的研究

注:(a)$L6^2$ 对阴离子的荧光响应,x 轴和 y 轴分别代表在 396 nm 处发射峰的位移和荧光强度的变化;(b)$L6^2$ 在加入 10 倍当量不同阴离子后的荧光变化;(c)$L6^2$ 中逐渐滴加 PPi 的荧光滴定图谱;(d)加入 PPi 前后 $L6^2$ 在紫外光下的荧光变化。

在 DMSO/15% H_2O 溶液中,利用荧光滴定进行 $L6^2$ 与 PPi 的结合行为的定量分析[图7-9(c)]。随着 PPi 浓度的增加,$L6^2$ 的发射强度逐渐降低。根据荧光滴定数据,通过 Program DynaFit version 4.0 进行非线性拟合,计算出结合常数(lgK)为 4.02(1∶1 结合模式),如图7-10所示。

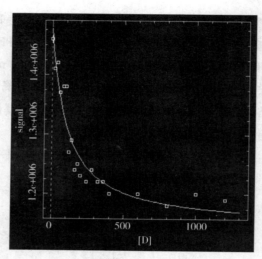

图 7 – 10 $L6^2$ 中逐渐滴加 PPi 的荧光滴定图谱的结合常数拟合图

Program DynaFit version 4.0

Execution started Fri Jan 28 11:25 2022

SCRIPT FILE. \examples\enzymology\DNA + promoter\cfj_PPi_. txt

---

TASK

Fit of complex equilibria

MODEL = fixed

DATA

file . \examples\enzymology\DNA + promoter\data\cfj_PPi_. txt

REACTION MECHANISM

P. D < = = = > P + D : K_1 dissoc

Set Parameter

Initial Fitted

Error

% Error

K_1

100 95.82 26.8 27.9

r: P. D 57352.4 981.6 1.71

$K = 1/K_1 = (1/95.82) \mu L \cdot mol^{-1}$; $lgK = 4.01$

7.3.2.3 机制研究

为了了解 $L6^2$ 和 PPi 在溶液中的相互作用,首先在室温下且在 DMSO–d_6 中获得 ^{1}H–NMR(图 7–11)。当 4 倍当量的 PPi 加入 $L6^2$ 的 DMSO–d_6 溶液中,PPi 使 NH 质子信号变宽、变弱并明显向低场位移,此种现象在脲类受体中很常见,因为碱性较高导致脲基 NH 去质子化。同时,芳香族环的质子峰变化不大,与 NH 基团的质子明显不同,但由于 $L6^2$ 与 PPi 的结合,出现了轻微的化学位移。笔者也做了含水条件下的 ^{1}H–NMR,发现 NH 质子信号完全消失[图 7–11(d)]。这一结果与紫外–可见吸收光谱和荧光光谱研究的结果一致,进一步揭示了去质子化过程可能发生在 $L6^2$ 对 PPi 的检测中。根据上述紫外–可见滴定和 ^{1}H–NMR 研究,$L6^2$ 与 PPi 的相互作用经历了两个步骤:第一,在较低的 PPi 浓度下形成了 PPi···H—N 氢键;第二,在大的 PPi 浓度条件下,$L6^2$ 发生去质子化。同时,pH 值研究也证明了 $L6^2$ 与 PPi 之间的去质子化机制,在酸性条件下,探针 $L6^2$ 的紫外–可见吸收光谱在 460 nm 处没有峰,但当 pH 值 > 7 时,吸光强度明显增加。此外,在 PPi 存在的情况下,吸光强度略有变化,但在碱性条件下有显著变化,这些结果与 OH^- 存在时的结果很好地吻合。

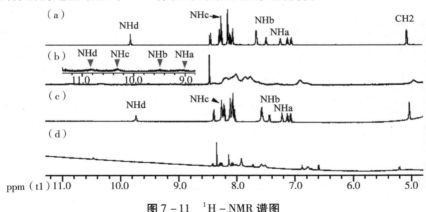

图 7–11　^{1}H–NMR 谱图

注:DMSO–d_6 中 $L6^2$(a)和 $L6^2$ + 4.0 倍当量 PPi(b)的 ^{1}H–NMR(600 MHz)谱图;
$L6^2$(c)和 $L6^2$ + 4.0 倍当量 PPi(d)
在 DMSO–d_6/15% H_2O 中(PPi/18–冠醚–6)的 ^{1}H–NMR 谱图。

7.4 小结

综上所述,笔者成功地合成了一种用于检测 PPi 的芘基双脲类受体($L6^2$),尤其是在竞争环境(含 15% H_2O)中。由于受体 $L6^2$ 的最终去质子化,当加入 PPi 时,颜色于无色变成棕黄色,可以作为 PPi 的比色传感器使用,检测限(LOD)为 1.6×10^{-4} mol·L^{-1}。通过 Job's Plot 图,确定 $L6^2$ 与 PPi 的化学计量比为 1∶1,并通过 ^1H-NMR 光谱分析证明去质子化过程。通过荧光法也证明了 $L6^2$ 的结合特性,观察到 $L6^2$ 的荧光发射强度有轻微的蓝移和猝灭。此外,$L6^2$ 具有检测实际水样中 PPi 离子的能力。

第8章 小分子导向的金属有机骨架模拟酶的制备及酶催化活性的研究

8.1 引言

金属有机骨架(metal-organic framework, MOF)是有机-无机杂化功能材料中的一种,它主要是由含氧、氮等元素的芳香性多齿有机配体作为桥联体与无机金属离子或金属离子簇通过配位键连接起来的具有立体周期性的网状结构。其中的无机金属离子或金属离子簇作为骨架的顶点,有机配体作为骨架的连接体。因此,作为金属有机骨架材料的构筑块的金属中心和桥联体对其进一步功能化的修饰提供了很大的便利条件。MOF材料是高度有序的结晶材料,有如下特点:大比表面积,高孔隙率,空腔尺寸可调节,丰富多样的拓扑结构,可接受的热稳定性及结构稳定性等。MOF材料在最近几年里又再一次备受瞩目,尤其是作为具有应用前景的新型多孔材料,其在新领域如催化、传感、药物载体以及生物成像等方面多有应用。纳米材料的发展促使纳米或微米尺寸的NMOF材料被成功地合成出来,这大大促进了MOF材料作为药物或生物活性分子载体用于靶细胞或生物技术方面的研究。同时,纳米尺寸的NMOF材料与现有的纳米材料的复合可以改善电子传感器件在能源应用中的性能。因此,设计和合成具有合理的尺寸、形貌、功能化空腔的新型MOF材料,并应用于生物分析中仍然很重要。众所周知,合成后修饰策略(PSM)在MOF材料功能化修饰手段中被视为非常可控的方法,这种修饰方法不会破坏MOF材料框架的稳定性。再者,金属有机骨架采取"node-and-spacer"的模式,这种模式中的配位不饱和的中心金属以及有机配体骨架都可以作为理想的化学修饰位点,从而调节MOF材料的化学稳定性和催化活性。

考虑到MOF在生物传感器领域的新应用,关于三价铁Fe^{III}-MOF材料作为具有应用前景的模拟酶的报道发现,其具有较高的过氧化氢酶活性,并用于比色传感器的构建而应用于生物小分子的监测。与传统的天然酶相比,这些基于 MOF 材料的模拟酶具有很大优势,如较高的稳定性,较好的高底物浓度耐受性,低成本,而且易于储备和处理,因此在许多领域如生物分析的实际应用中有着重要的意义。再者,过氧化氢酶活性有广泛的实际应用价值,比如,具有过氧化氢酶活性的物质可用于废水处理,通过催化氧化有机底物而降低有机物的毒性,从而达到污水处理的目的,与此同时在催化过程中往往会带来颜色上的变化而使待测物的分析检测达到可视化。目前模拟过氧化氢酶的研究被大量报道,在分析测试中常用 3,3′,5,5′-四甲基联苯胺(TMB)作为显色剂,TMB 氧化后显蓝色,便于分析,大部分文献将颜色的变化这一现象归结于底物与催化剂间发生了单电子电荷转移,因而在紫外吸收光谱图中表现为在 369 nm 和 652 nm 处出峰且显蓝色。基于这样的理由,笔者认为通过加速底物与催化剂间电子转移的速度可以提高模拟酶的活性。

基于以上理由,笔者在模拟酶的体系中成功地引入普鲁士蓝(PB)。如图 8-1 所示,普鲁士蓝是典型的配位聚合物,由三价铁和二价铁通过—C≡N—桥联起来的结晶材料,其具有高的比表面积,在许多领域中表现出优异的性能,如催化、传感、分子磁性、气体存贮等方面,最为突出的是普鲁士蓝在电活性方面的突出性质使得其在还原过氧化氢的过程中表现出非常高的过氧化氢酶活性。然而,其自身在分散性和功能化修饰方面的限制,以及自身较强的蓝色限制了普鲁士蓝在液相条件下在比色传感器领域的应用。

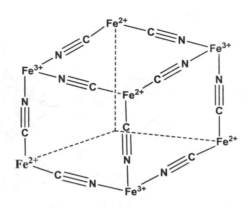

图 8-1 普鲁士蓝的结构

在本书中,笔者利用 MIL-101(Fe)及 PB 独特的性质,组合获得了 PB/MIL-101(Fe)材料。在合成过程中,利用 MIL-101(Fe)中的裸露的金属配位点和外围的羧基与 PB 中的—C≡N—及配位不饱和的铁原子发生配位作用而构成新的 MOF 材料,此材料表现出较高的过氧化氢酶活性,像 HRP 一样,可以高效地还原过氧化氢。这样 MOF 的修饰策略带来更大的反应活性表面、更丰富的活性位点,更易于电子传输。其中作为支撑骨架的 MIL-101(Fe)是拉瓦锡骨架材料中的一种,分子式为 $Fe_3OH(H_2O)_2O[(BDC)]_3$。在此材料中的 MIL-101(Fe)可以认为是三价铁的金属氧化簇通过双齿的 BDC 有机配体桥联起来而构成的三维结构,这可以给材料带来更大的比表面积和合适的空腔。MIL-101(Fe)常被选用作为支撑骨架应用在其他材料的复合中,不仅因为它的大孔隙和高的比表面积,还因为其在水和空气环境中的长期稳定性。此外,裸露的金属位点和外围配体中的羧基更方便实现 MOF 功能化。迄今为止,MIL-101(Fe)因为小带隙便于可见光激发而作为可见光催化剂被报道。但很少使用 MIL-101(Fe)作为模拟过氧化物酶去构筑比色传感器。因此,本书中使用 MIL-101(Fe)充当一个坚实的支撑体以及 PB 生长的起点,然后形成均匀的 PB/MIL-101(Fe)八面体纳米结构,其对过氧化氢的还原表现出较高的催化活性。在这里,PB 被认为是通过残留在 PB 骨架中的—C≡N—和 MIL-101(Fe)上的 Fe^{3+} 空配位点形成多个配位键而键合在 NMOF 表面(图 8-2)。而 MIL-101(Fe)组件将有助于孔隙空间的扩大,被吸附物的存储。PB 的存在可以增加催化剂和底物之间的电子转换速度。

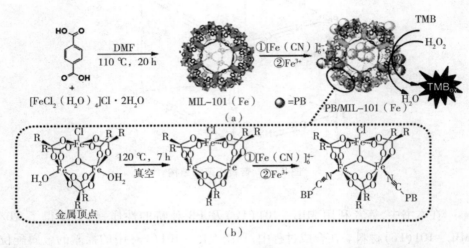

图 8-2　PB/MIL-101(Fe)的构建及仿过氧化氢酶

8.2　实验部分

8.2.1　试剂与仪器

试剂：三氯化铁（$FeCl_3 \cdot 6H_2O$），亚铁氰化钾（$K_4[Fe(CN)_6]$），冰醋酸（HAc），对苯二甲酸（1,4-BDC），N,N-二甲基甲酰胺（DMF），醋酸钠（NaAc），30%过氧化氢（H_2O_2），3,3′,5,5′-四甲基联苯胺盐酸盐（TMB·2HCl），2,2′-联氮双(3-乙基苯并噻唑啉-6-磺酸)二铵盐（AzBTS），邻苯二胺（OPD），正硅酸乙酯（TEOS），3-氨基丙基三乙氧基硅烷（APTES），聚乙二醇（PEG-2000），叶酸（FA）均为商业途径购买。所有购买的试剂均为分析纯，可直接使用。实验过程使用超纯水（电阻率≥18 $MΩ \cdot cm^{-1}$）。

仪器：对于形貌表征，SEM 照片取自于 JSM-6700F 场发射扫描电子显微镜。TEM 照片由 JEM-1010 透射电子显微镜在 120 kV 下获得。FTIR 光谱采用 PerkinElmer 光谱仪在频率范围 4000~400 cm^{-1} 和分辨率为 4 cm^{-1} 的情况下测试获得。MIL-101(Fe)和 PB/MIL-101(Fe)的粉末 X 射线衍射（PXRD）使用 Bruker D8 Advance X 射线衍射仪在单色 Cu - Kα 辐射($\lambda = 1.5418$ Å)下测定。紫外吸收光谱由 EnVision Multilabel Plate Readers 测试。X 射线能谱仪为 JEM - 2010。循环伏安(CV)测试在电化学工作站 CHI1030B 上进行,采用三电极体系,以 Ag/AgCl 电极为参比电极,Pt 丝为对电极,玻碳电极为工作电极。将 1 mg 样品在 1 mL 的水中超声分散,取 6 μL 滴加在直径为 3 mm 的玻碳电极上自然晾干。测试在 0.05 mol·L^{-1} 含 0.1 mol·L^{-1} KCl 的 PBS 缓冲液中进行。

8.2.2 实验基本操作

酶活性的测试。探讨所合成的 PB/MIL - 101(Fe) 模拟过氧化氢酶活性,以 TMB 为过氧化物酶底物进行过氧化氢氧化测试。活性测试通过监测 TMB 的吸光度在 652 nm 波长处的紫外吸收峰变化。具体实验如下:20 μL PB/MIL - 101(Fe)(最终浓度为 0.2 mg·mL^{-1})分散到 50 μL 的 NaAc 缓冲液(pH = 5.0)中,分散均匀后,向其中加入 10 μL 的 H_2O_2 及 20 μL 的 TMB(最终浓度为 0.2 mmol·L^{-1}),改变过氧化氢浓度,在温度 37 ℃下反应 2 min 用于紫外测试。

检测葡萄糖。葡萄糖检测方法如下:(1)将 0.1 mL 1 mg·mL^{-1} GOx 和 20 μL PB/MIL - 101(Fe) 分散液(终浓度 0.2 mg·mL^{-1})溶于 0.5 mL NaAc 缓冲液(pH = 5.0)中,37 ℃孵育 30 min;(2)在上述溶液中加入不同浓度葡萄糖 50 μL;(3)将混合溶液在 37 ℃孵育 5 min,然后用于标准曲线测量。

PB/MIL - 101(Fe) 的循环伏安测试。将 1 mg PB/MIL - 101(Fe) 样品分散在 1 mL 的水中,充分混合,超声分散 10 min。将 3 mm 直径的玻碳电极(GCE)在抛光布上分别用 1.0 μm、0.3 μm 和 0.05 μm 粒径的氧化铝粉末研磨,去离子水洗涤后,再依次在丙酮、乙醇和去离子水中超声清洗,取 6 μL 滴加在直径为 3 mm 的玻碳电极上,自然晾干,得到 PB/MIL - 101(Fe) 修饰电极[PB/MIL - 101(Fe)/GCE]。相同的方法用于制备 MIL - 101(Fe) 修饰电极[MIL - 101(Fe)/GCE]和 PB 修饰的玻碳电极(PB/GCE),准备好的工作电极保存在室温下用于后续实验分析。测试在 0.05 mol·L^{-1} 含 0.1 mol·L^{-1} KCl 的 pH = 6.0 的 PBS 缓冲液中进行,测试窗口 - 0.4 ~ 1.2 mV。

PB 质量的测定。重量法测量 PB 在 PB/MIL - 101(Fe) 中的含量,先称取原料 MIL - 101(Fe) 50 mg,经过两部合成 PB/MIL - 101(Fe),反应结束后 12000 r·min^{-1} 离心 10 min 分离,干燥,活化。平行做三次实验,依次称量最后产物 PB/MIL-101(Fe)的质量,根据下面的公式可计算得出 PB/MIL-101(Fe)中 PB 质量。

$$m_{PB} = m_{PB/MIL-101(Fe)} - m_{MIL-101(Fe)}$$

8.2.3　MIL-101(Fe)及 PB/MIL-101(Fe)的制备

MIL-101(Fe)的制备。MIL-101(Fe)采用文献方法制备。将 0.675 g (2.45 mmol)的三价铁盐 $FeCl_3·6H_2O$ 和 0.206 g 的对苯二甲酸 H_2BDC (1.24 mmol)加入到 15 mL DMF 中,置于 30 mL 的水热釜中,110 ℃ 反应 20 h。所得的棕黄色固体粉末过滤洗涤,随后将其进一步纯化,方法是在乙醇中 60 ℃ 加热 3 h 两次,干燥。使用前将其在 120 ℃ 下真空活化 7 h,得橘黄色粉末,产率达 90% 以上。

PB/MIL-101(Fe)的制备。由于要合成的金属有机骨架 MIL-101(Fe)材料的表面有很多亲水的纳米孔,所以前驱体 $[Fe(CN)_6]^{4-}$/MIL-101(Fe)采用双溶剂的方法合成。0.050 g 脱水的 MIL-101(Fe)分散在 40 mL 干燥的疏水正己烷溶剂中,超声分散 20 min 直至分散均匀。在激烈搅拌下,将 1 mL 的 100 mmol·L^{-1} $K_4[Fe(CN)_6]$水溶液在 10 min 中内滴加到上述混合物中。最后在室温下激烈搅拌 3 h。反应后,将反应液静置分层,并将上层的正己烷相倾倒出去,反复几次除去正己烷,离心分离下面的水相,水洗涤数次,再用乙醇洗涤,室温干燥。然后在 120 ℃ 真空条件下进一步活化 12 h,得黄绿色粉末。

$KFe(Ⅲ)[Fe(CN)_6]Fe_2(Ⅲ)(OH)(DMF)O(BDC)_3$ 元素分析理论计算值:C,38.97%;H,1.98%;N,9.64%;Fe,21.96%;K,3.84%。实测值:C,39.10%;H,2.23%;N,9.79%;Fe,21.79%;K,3.51%。

8.3 结果与讨论

8.3.1 MIL-101(Fe)和PB/MIL-101(Fe)的制备及表征

8.3.1.1 MIL-101(Fe)的制备及表征

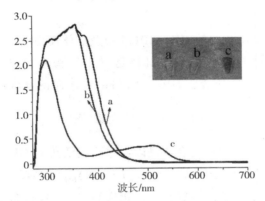

图8-3 验证PB/MIL-101(Fe)中是否为三价铁的紫外谱图及相应的显色照片

注:a. 未加入菲咯啉的MIL-101(Fe)($10\ mg\cdot mL^{-1}$);
b. $10\ mg\cdot mL^{-1}$PB/MIL-101(Fe)加入相同浓度的菲咯啉;c. Fe^{2+}($1\ mmol\cdot L^{-1}$)
加入相同浓度的菲咯啉;测绘条件:pH=2.0的HCl中。

MIL-101(Fe)的合成以生物毒性相对较小的六水合三氯化铁($FeCl_3\cdot 6H_2O$)和价格便宜的对苯二甲酸,N,N-二甲基甲酰胺(DMF)为溶剂,反应在水热条件下完成。合成体系操作简单,适合大量制备,所得产物的产率在90%以上,并表现出好的热稳定性。图8-3证明了MIL-101(Fe)中的Fe以三价形式存在,因在酸性条件下Fe^{2+}稳定,所以将制得的MIL-101(Fe)溶于pH值为2的HCl溶液中,向其中引入变色剂菲咯啉会发生配位,而溶液颜色变为红色,在图8-3中可以明显看到加有菲咯啉的MIL-101(Fe)混合液没有发生颜色变化,可见其中铁以三价的形式存在,而非二价。

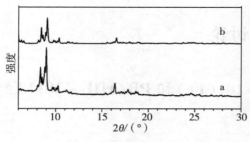

图 8-4 XRD 谱图

注:a. 合成的 MIL-101(Fe)XRD 谱图;b. 晶体模拟的 MIL-101(Fe)XRD 谱图

图 8-4 给出了所合成的 MIL-101(Fe)及晶体模拟的 X 射线衍射谱图,这也证明了所合成的金属有机骨架材料是以三价铁为配位节点的 MIL-101(Fe)。从图 8-4 可知,所合成 MIL-101(Fe)粉末保持着与晶体一致的结构。

8.3.1.2 PB/MIL-101(Fe)的制备及表征

PB/MIL-101(Fe)材料的合成是以经过高温活化的 MIL-101(Fe)为前驱体,采用双溶剂方法分两步依次加入 $K_4[Fe(CN)_6]$ 和 $FeCl_3$ 溶液制得的。颜色由原来的橘黄色变为产物的黄绿色。活化后的 MIL-101(Fe)存在配位不饱和的金属位点,这样通过 PB 中的—C≡N—可以桥联在 MIL-101(Fe)骨架上而形成大小均一的 PB/MIL-101(Fe)纳米颗粒(图 8-5),因此 MIL-101(Fe)在此材料中不仅起到支撑骨架的作用,还可以作为 Fe^{3+} 源和 PB 生长的起点,给新的材料带来更多的活性中心,使其表面进一步功能化。

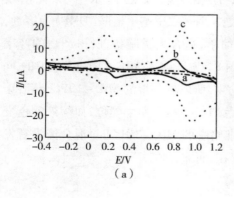
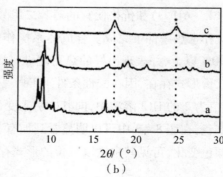

第 8 章 小分子导向的金属有机骨架模拟酶的制备及酶催化活性的研究

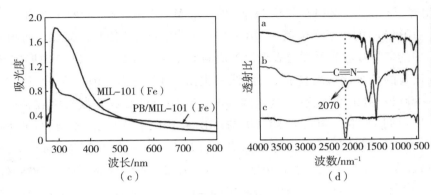

图 8-5 产物性质

注：(a) a.MIL-101(Fe)，b.PB/MIL-101(Fe)，c.PB；分别修饰的玻碳电极
在 pH 值为 6.0 的且含有 0.1 mol·L^{-1} KCl 的 0.05 mol·L^{-1} PBS 缓冲液的循环伏安图，
扫速为 50 mV·s^{-1}；(b) 三种不同材料的 X 射线衍射谱图；
(c) 0.2 mg·mL^{-1} PB/MIL-101(Fe) 和 MIL-101(Fe) 分别在
pH 值为 5.0 的醋酸钠缓冲液中的紫外吸收光谱图；(d) 三种材料的红外谱图。

由于引入的 PB 电化学活性很高，所以首先选用电化学方法证明 PB 的存在，图 8-5(a) 给出了前驱体 MIL-101(Fe) 和 PB 以及产物 PB/MIL-101(Fe) 材料修饰的玻碳电极在 pH 值为 6.0 的含 0.1 mol·L^{-1} KCl 的 0.05 mol·L^{-1} PBS 的缓冲液中的循环伏安图(CV)。与 PB 修饰的玻碳电极 CV 图相比，产物表现出相同的电化学行为，而前驱体 MIL-101(Fe) 的 CV 图没有明显的电化学峰位出现。由图 8-5(a) 可以看出，在 0.24 V/0.15 V 位置出现一组明显的氧化还原峰，这归结于普鲁士白(Prussian white)与普鲁士蓝(PB)之间的相互转化，同时将 0.92 V/0.80 V 位置的一对峰归结于普鲁士蓝(PB)与柏林绿(Berlin green)之间的相互转化。此外，与单一 PB 的 CV 比较会发现，PB/MIL-101(Fe) 的电流强度比 PB 低很多，这也说明了 MIL-101(Fe) 的存在使其电化学活性降低。图 8-5(b) 的 XRD 谱图可知，MIL-101(Fe) 在 PB/MIL-101(Fe) 中仍保持一定的晶型；与 MIL-101(Fe) 的 XRD 峰比较发现，PB/MIL-101(Fe) 的 XRD 峰均发生了明显的位移，这预示着 PB 中的 Fe^{2+} 与 MIL-101(Fe) 中的 Fe^{3+} 通过 [Fe^{2+}—CN—Fe^{3+}] 键而连接起来，形成新的产物 PB/MIL-101(Fe)。但是在 PB/MIL-101(Fe) 的 XRD 谱图中没有明显的 PB 峰出现，这是因为主体 MIL-101(Fe) 在该材料占有比例大，致使其 XRD 峰太强而掩盖了

PB 出峰，与此同时，在 17.5°和 24.8 °处原本 MIL – 101(Fe)的两个峰由于 PB/MIL – 101(Fe)的形成而覆盖在 MIL – 101(Fe)的表面致使其被掩盖。而图 8 – 5(c)中的紫外吸收光谱图也表现出类似的情况，PB/MIL – 101(Fe)的形成导致低波长处的紫外吸收峰降低，与此同时也由于 PB/MIL – 101(Fe)的形成，在 600 ~ 800 nm 处的基线变高，这是因为 PB 在 710 nm 处存在紫外吸收特征峰。进一步通过红外谱图亦证明 PB 与 MIL – 101(Fe)的结合，红外谱图说明—C≡N—键的红外特征峰由原来 $K_4[Fe(CN)_6]$ 中的 2040 cm^{-1} 位移到 2070 cm^{-1}，这主要是因为 PB/MIL – 101(Fe)带来 $[Fe^{2+}—CN—Fe^{3+}]$ 键的伸缩振动。笔者还对其进行了 EDX 扫描，图 8 – 6 中的氮元素证明了 PB/MIL – 101(Fe)的形成，此外图 8 – 7 给出了产物 PB/MIL – 101(Fe)的 EDX 成像图片，发现 PB 存在的均一性。无论从循环伏安测试还是红外测试都可以明确地证明 PB/MIL – 101(Fe)的形成。

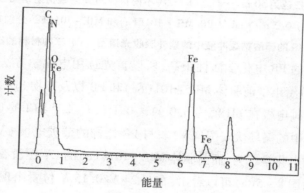

图 8 – 6　PB/MIL – 101(Fe)EDX 谱图

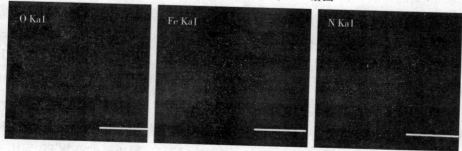

图 8 – 7　PB/MIL – 101(Fe) EDX 元素成像照片

注：比例尺为 1 μm。

根据 XPS 和元素分析实验,确定化学式为 $KFe(Ⅲ)[Fe(CN)_6]Fe_2(Ⅲ)$-$(OH)(DMF)O(BDC)_3$。XPS 结果如图 8-8 和图 8-9 所示,表明 PB/MIL-101(Fe) 中的铁有 Fe(Ⅱ) 和 Fe(Ⅲ) 两种,Fe(Ⅱ) 与 Fe(Ⅲ) 的比例为 1∶3。BET 比表面积测量结果如图 8-10 所示,MIL-101(Fe) 的比表面积为 1469.1 $m^2·g^{-1}$;PB/MIL-101(Fe) 的比表面积为 1649.8 $m^2·g^{-1}$[大于MIL-101(Fe)]。相对较高的表面积表明大部分 MOF 表面是由 PB 连接的。

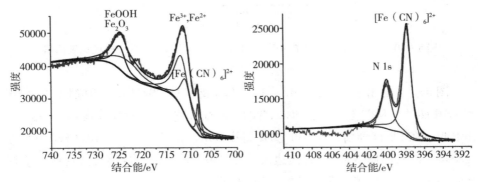

图 8-8　PB/MIL-101(Fe) 的 Fe 和 N 的 XPS 谱图

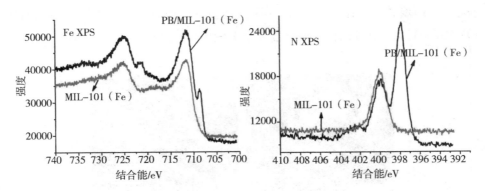

图 8-9　MIL-101(Fe) 和 PB/MIL-101(Fe) 的 Fe 和 N 的 XPS 谱图

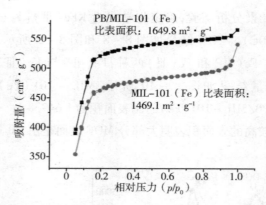

图 8-10 在 77 K 下测定了 MIL-101(Fe) 和 PB/MIL-101(Fe) 的比表面积

图 8-11 给出了前驱体 MIL-101(Fe) 及产物 PB/MIL-101(Fe) 的 SEM 和 TEM 照片。从图 8-11 可知,二者的分散性都很好,颗粒尺寸均匀,呈现八面体形貌。在 PB 修饰前,SEM 和 TEM 照片显示出前驱体 MIL-101(Fe) 为尺寸大小均一的八面体纳米结构,棱边尺寸在 350 nm 左右,边缘粗糙,这些八面体结构的表面是由许多小孔组成的。而 PB 修饰后,这些均一的八面体结构尺寸变大到近 500 nm,同时八面体的表面变得光滑了,这可以归结为 PB 在八面体表面的小孔内通过—C≡N—的桥联开始长大,从而使得产物的尺寸变大,表面生长了 PB 而填满了小孔,所以变得光滑。这些所得到的尺寸大小均一的八面体 PB/MIL-101(Fe) 可以稳定地分散在水溶液中。

图 8-11　MIL-101(Fe) 和 PB/MIL-101(Fe) 的 TEM 照片及 SEM 照片
注：(a)MIL-101(Fe) 的 TEM 照片；(b)PB/MIL-101(Fe) 的 TEM 照片；
(c)MIL-101(Fe) 的 SEM 照片；(d)PB/MIL-101(Fe) 的 SEM 照片。

8.3.2　PB 含量的测定

评估 PB/MIL-101(Fe) 中 PB 的含量可以更好地理解 PB/MIL-101(Fe) 材料的性质，对于材料的进一步应用是至关重要的。本书采用重量法对 PB 质量的多少进行估量。具体的实验过程可参考文中的实验部分，笔者认为在引入 PB 过程中 PB 的质量跟起始原料的质量和最终的产物质量有关，我们认为存在以下关系：

$$m_{PB} = m_{PB/MIL-101(Fe)} - m_{MIL-101(Fe)}$$

起始材料 MIL-101(Fe) 质量为 50 mg，通过两步法得到产物 PB/MIL-101(Fe)。将 PB/MIL-101(Fe) 离心分离（12000 r·min^{-1}，10 min），真空干燥后测定其质量。通过三次平行实验，可以得到表 8-1 中的数据，考虑到处理过程中不可避免地会有 PB/MIL-101(Fe) 损失，实际 PB 百分含量应高于 (10.34±0.31)%。

表 8-1　PB 在 PB/MIL-101(Fe) 中的含量计算

	1#	2#	3#	平均质量
$m_{MIL-101(Fe)}$/mg	50.00	50.00	50.00	50.00
$m_{PB/MIL-101(Fe)}$/mg	54.75	55.25	55.50	55.17
m_{PB}/mg	4.75	5.25	5.50	5.17

8.3.3 性能测试研究

8.3.3.1 酶活性测试

为探究 PB/MIL-101(Fe)材料的过氧化物模拟酶活性。首先,用 PB/MIL-101(Fe)材料作为催化剂,在 H_2O_2 存在和不存在的情况下,以典型的过氧化物酶底物 TMB 为显色剂进行催化实验。实验结果表明,PB/MIL-101(Fe)材料可催化 H_2O_2 氧化 TMB 产生蓝色的显色反应(图 8-12)。从图 8-12 可知,在 H_2O_2 存在下,TMB 溶液没有发生颜色变化,表现在紫外吸收光谱图 350~700 nm 处没有紫外吸收峰,这表明在 H_2O_2 中,没有催化剂 PB/MIL-101(Fe)的情况下,TMB 不会发生催化氧化反应。相比之下,在 H_2O_2 存在下,PB/MIL-101(Fe)可以催化 TMB 的氧化。当 PB/MIL-101(Fe)加入后,反应液变成明显的蓝色,在紫外吸收光谱上表现为 369 nm 和 652 nm 波长处有很强的紫外吸收峰(图 8-12)。这一反应现象类似于常用的辣根过氧化物酶(HRP)的催化过程。

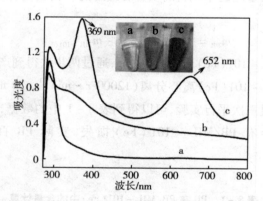

图 8-12　PB/MIL-101(Fe)作为过氧化物模拟酶活性比较

注:a 为 TMB 和 H_2O_2,b 为 PB/MIL-101(Fe),c 为 TMB,H_2O_2,PB/MIL-101(Fe),它们在 pH 值为 5.0 的醋酸钠缓冲液中的紫外吸收光谱图;测试条件:37 ℃下反应 2 min;TMB 和 H_2O_2 的浓度均为 1 mmol·L^{-1},PB/MIL-101(Fe)的浓度为 0.2 mg·mL^{-1};插图为显色反应照片。

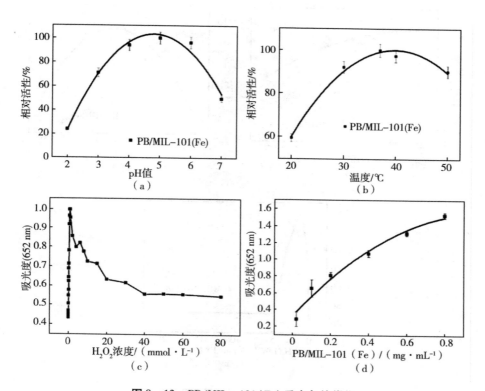

图 8-13 PB/MIL-101(Fe)反应条件优化

注:(a) pH 值,实验条件:TMB 浓度为 0.2 mmol·L^{-1};H$_2$O$_2$ 浓度为 0.1 mmol·L^{-1}; PB/MIL-101(Fe)浓度为 0.2 mg·mL^{-1};(b)温度,实验条件: TMB 浓度为 0.2 mmol·L^{-1};H$_2$O$_2$ 浓度为 0.1 mmol·L^{-1}; PB/MIL-101(Fe)浓度 0.2 mg·mL^{-1};pH 值为 5.0;(c) H$_2$O$_2$ 浓度, 实验条件:TMB 浓度为 0.2 mmol·L^{-1};PB/MIL-101(Fe) 浓度 0.2 mg·mL^{-1},pH 值为 5.0,温度 37 ℃;(d)催化剂浓度,实验条件: TMB 浓度为 0.2 mmol·L^{-1};H$_2$O$_2$ 浓度为 0.1 mmol·L^{-1};pH 值为 5.0,温度 37 ℃。

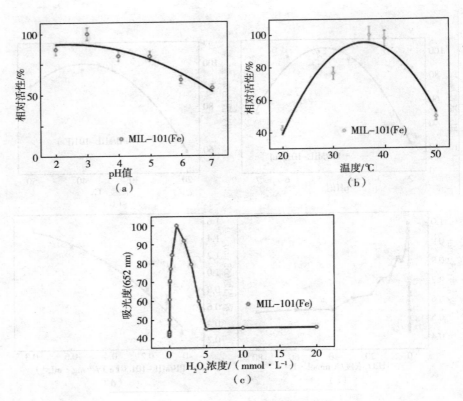

图 8-14　MIL-101(Fe) 反应条件优化

注：(a)pH,实验条件：TMB 浓度为 0.2 mmol·L^{-1};H$_2$O$_2$ 浓度 0.1 mmol·L^{-1};
MIL-101(Fe)浓度 0.2 mg·mL^{-1};(b)温度,实验条件：TMB 浓度为 0.2 mmol·L^{-1};
H$_2$O$_2$ 浓度 0.1 mmol·L^{-1};MIL-101(Fe)浓度 0.2 mg·mL^{-1};pH 值为 3.0;(c)H$_2$O$_2$ 浓度,
实验条件：TMB 浓度为 0.2 mmol·L^{-1};MIL-101(Fe)浓度 0.2 mg·mL^{-1},
pH 值为 5.0,温度 37 ℃。

类似 HRP,PB/MIL-101(Fe)的催化活性依赖于 pH 值、反应温度、H$_2$O$_2$ 及催化剂的浓度。通过改变：(1) pH 值从 2.0 到 7.0;(2)反应温度由 20 ℃到 50 ℃;(3) H$_2$O$_2$ 浓度从 0.3 μmol·L^{-1} 到 80 mmol·L^{-1};(4)催化剂的浓度从 0.05 mg·mL^{-1} 至 0.8 mg·mL^{-1},笔者测量了 PB/MIL-101(Fe)过氧化物模拟酶活性,并将相同条件下的结果与 MIL-101(Fe)做比较（图 8-13, 图 8-14）。PB/MIL-101(Fe)的最佳条件是 pH 值为 5.0,反应温度 37 ℃。

PB/MIL-101(Fe)达到最高水平的活性时需要 H_2O_2 浓度为 $0.8\ mmol \cdot L^{-1}$,进一步增加过氧化氢的浓度会抑制其活性。这种现象与其他 MOF 模拟酶和 HRP 相似,说明 PB/MIL-101(Fe)显示出过氧化物模拟酶活性。

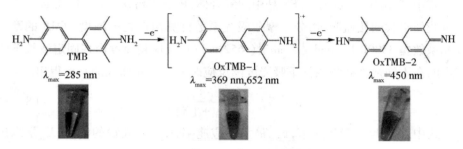

图 8-15　TMB 反应过程及相应显色照片

除了能够催化氧化 TMB 外,PB/MIL-101(Fe)对其他的过氧化物酶底物如邻苯二胺(OPD),2,2′-联氮双(3-乙基苯并噻唑啉-6-磺酸)二铵盐(AzBTS),使其氧化而显色(图 8-16)。

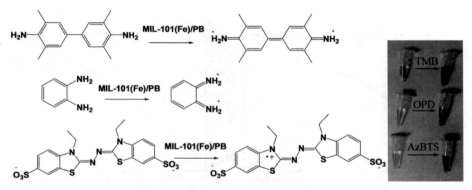

图 8-16　PB/MIL-101(Fe)作为过氧化物模拟酶催化不同底物的反应过程及相应的反应显色照片

8.3.3.2　PB/MIL-101(Fe)催化反应动力学和作用机制

1913 年 Michaelis 和 Menten 根据中间复合体学说提出了单底物酶促反应

的快速平衡模型或平衡态模型(equilibrium – state model),也称为米–曼氏模型(Michaelis – Menten model):

$$E + S \xleftrightarrow{\quad} ES \xrightarrow{k_{cat}} E + P \tag{8-1}$$

式中,E 是酶,S 是底物,ES 是中间复合体,P 是产物,k_{cat} 是米氏常数。产物通过紫外吸收间接监测,由分子摩尔吸光系数计算出产物的浓度[TMB 的摩尔吸光系数是 35800 L·mol^{-1}·cm^{-1}(652 nm)],反应初速度由在固定波长下绘制出的在不同浓度底物条件下吸光度随反应时间的变化曲线的斜率得出。

$$v = v_{max} \cdot \frac{[S]}{[K_m + [S]]} \tag{8-2}$$

式中,v 是反应起始速率,v_{max} 最大反应速率,$[S]$ 是底物的浓度,K_m 是米氏常数,可表示为酶对底物的亲和性。米氏方程经过转换即是 Lineweaver – Burk 方程,也称为双倒数方程,即 $1/v$ 对 $1/[S]$ 作图,可以获得一条直线。从直线与 x 轴的截距可以得到 $1/K_m$ 的绝对值;而 $1/V_{max}$ 是直线与 y 轴的截距,就可获得 K_m 和 v_{max} 值。

$$\frac{1}{v} = \frac{K_m}{v_{max}[S]} + \frac{1}{v_{max}} \tag{8-3}$$

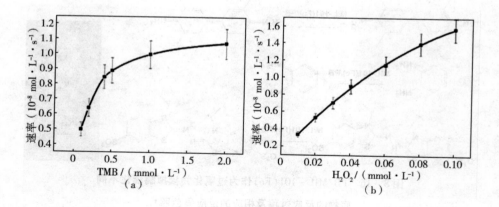

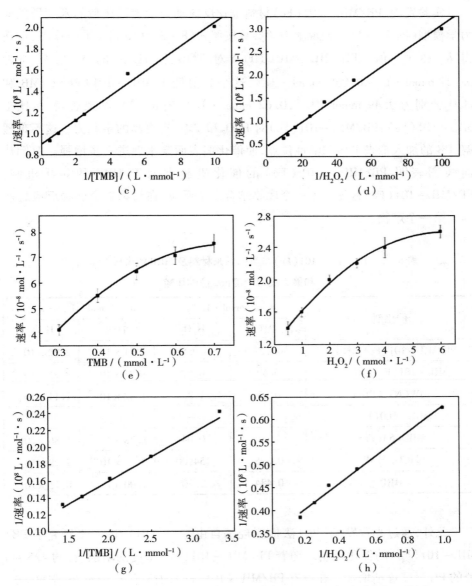

图8-17　PB/MIL-101(Fe)[(a)~(d)]和MIL-101(Fe)[(e)~(h)]催化反应动力学及催化机制

注:固定H_2O_2(0.7 mmol·L^{-1})浓度,改变TMB浓度得到的动力学曲线[(c),(g)];固定TMB(0.7 mmol·L^{-1})浓度,改变H_2O_2浓度得到的动力学曲线[(d),(h)];实验条件:0.2 mg·mL^{-1} PB/MIL-101(Fe)或MIL-101(Fe),pH值为5.0的醋酸钠缓冲液,27 ℃。

实验发现,PB/MIL-101(Fe)材料催化反应动力学遵循典型的米-曼氏动力学模型(图8-17)。表观动力学参数按照式(8-3) $1/v$ 对 $1/[S]$ 作图,可获得 K_m 和 v_{max} 值。PB/MIL-101(Fe)对 TMB 和 H_2O_2 的 K_m 值分别为 0.127 mmol·L^{-1},0.058 mmol·L^{-1},这个数值低于 MIL-101(Fe)(TMB 和 H_2O_2 分别为 0.49 mmol·L^{-1},0.62 mmol·L^{-1},表8-2),结果表明,相比于 MIL-101(Fe),PB/MIL-101(Fe)对 H_2O_2 和 TMB 有更高的亲和力。这不难理解,PB 的加入带来更多的活性位点,使催化剂表面亲水性进一步增强。双倒数曲线图表明 PB/MIL-101(Fe)的催化机制类似于 HRP 的乒乓机制,PB/MIL-101(Fe)首先与第一个底物结合发生反应,在与第二个底物反应之前释放第一个产物。

表8-2 PB/MIL-101(Fe)与类似纳米材料及 HRP 的米氏常数(K_m)和最大反应速度(v_{max})的比较

催化剂	K_m/(mmol·L^{-1})		v_{max}/(mol·L^{-1}·s^{-1})	
	TMB	H_2O_2	TMB	H_2O_2
PB/MIL-101(Fe)(本书)	0.127	0.0580	1.11×10^{-8}	2.22×10^{-8}
MIL-101(Fe)(本书)	0.49	0.62	8.21×10^{-8}	2.85×10^{-8}
MWCNT-PBin	0.09	1.33	1.42×10^{-7}	1.11×10^{-7}
MIL-100(Fe)	—	—	—	—
MIL-53(Fe)	1.08	0.04	8.78×10^{-8}	1.86×10^{-8}
Fe_3O_4 MNP	0.098	154.00	3.44×10^{-8}	9.78×10^{-8}
HRP	0.434	3.70	1.00×10^{-7}	8.71×10^{-8}

此外,通过光致发光(PL)法检测羟基自由基(·OH),进一步研究了 PB/MIL-101(Fe)的催化机制。随着 PB/MIL-101(Fe)浓度的增加,在约425 nm 处的 PL 强度逐渐增加。在没有 PB/MIL-101(Fe)的情况下,没有 PL 强度。这证实了 PB/MIL-101(Fe)可以催化活化 H_2O_2 产生·OH,然后·OH 与 TMB 反应产生颜色变化。PB/MIL-101(Fe)的过氧化物模拟酶活性是由其催化 H_2O_2 通过电子转移产生·OH 引起的(图8-18)。

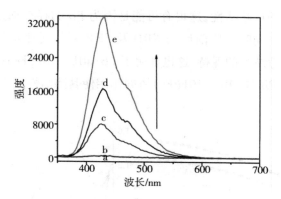

图 8-18　PB/MIL-101(Fe)-H_2O_2 催化体系的·OH 捕获 PL 谱图

注：a 为单独使用 0.4 mg·mL^{-1} PB/MIL-101(Fe)；
b~e 为 0、0.4 mg·mL^{-1}、0.6 mg·mL^{-1} 和 1 mg·mL^{-1} PB/MIL-101(Fe)，
60 mmol·L^{-1} H_2O_2；反应条件：在 pH=5.0、27 ℃、1.6 mL 醋酸钠缓冲液中孵育 20 min。

8.3.3.3　PB/MIL-101(Fe)催化活性及稳定性研究

PB/MIL-101(Fe)过氧化物模拟酶真正起到活性作用的是整体而不是析出的铁离子在起用。因为在酸性条件下 MOF 是很有可能分解而使金属离子游离出来的，所以在最优实验条件下，笔者使用同等催化剂量的 PB/MIL-101(Fe)放到标准反应液(pH=5.0 的醋酸钠缓冲液)中均匀分散并浸泡 2 min，然后除去沉淀，得到上清液，将上清液作为催化剂加入到反应体系中进行反应，然后利用紫外吸收光谱监测。笔者还做了自由 Fe^{3+} 离子的催化活性测试，将上面两个测试的 PB/MIL-101(Fe)作为过氧化氢物模拟酶在相同条件下的测试加以比较(图 8-19)。研究表明，浸出液没有活性，这表现在紫外谱图中 652 nm 处没有紫外吸收峰，同时自由 Fe^{3+} 溶液表现出与 PB/MIL-101(Fe)不同的催化活性，即使很高的浓度下催化活性也仍低于 PB/MIL-101(Fe)的活性，这表明 PB/MIL-101(Fe)作为过氧化氢物模拟酶在催化过程中保持其完整性。从反应前后颜色变化也能清楚地判断浸出液作为催化剂的反应液近乎无色，Fe^{3+} 溶液作为催化剂的反应液为黄绿色，PB/MIL-101(Fe)作为催化剂的反应液为蓝色(图 8-15)。再者，在控制实验中(图 8-19)，笔者发现 PB/MIL-101(Fe)的催化活性明显比单独使用 MIL-101(Fe)要高很多，这说明 PB 的引入显

著提高了模拟酶的催化活性,这很有可能是因为 PB 的存在加速了酶与底物间的电子传递速度。同时反应前后的 XRD 及 SEM 照片对比也说明了反应前后 PB/MIL-101(Fe)结构的保持,这也证明了 PB/MIL-101(Fe)的稳定性。所有的结果都说明了 PB 与 MIL-101(Fe)协同作用使其酶活性大大提高。

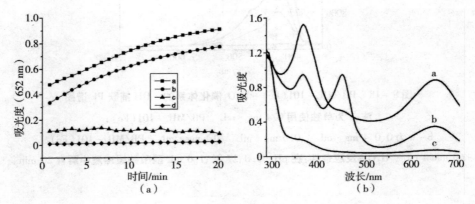

图 8-19 PB/MIL-101(Fe)催化活性及稳定性

注:(a) a. PB/MIL-101(Fe); b. MIL-101(Fe); c. PB; d. 无任何催化剂;
过氧化物模拟酶催化活性比较,652 nm 处紫外吸收光谱图(20 min 内);
实验条件:TMB 浓度为 $0.2\ mmol·L^{-1}$;H_2O_2 浓度 $0.1\ mmol·L^{-1}$;
催化剂浓度 $0.2\ mg·mL^{-1}$;pH 值为 3.0,温度 37 ℃;
(b) a. PB/MIL-101(Fe), b. Fe^{3+} 溶液,c. 将 PB/MIL-101(Fe)培育在标准的反应缓冲液 2 min 后,过滤取上清液用于催化反应,实验条件为 TMB 浓度 $0.2\ mmol·L^{-1}$,H_2O_2 浓度 $0.1\ mmol·L^{-1}$,PB/MIL-101(Fe)浓度 $0.2\ mg·mL^{-1}$,Fe^{3+} 浓度 $4\ mmol·L^{-1}$。

同时还做了不同批次间催化剂 PB/MIL-101(Fe)催化活性的重复性研究,结果见表 8-3,不同批次制备的催化剂活性略有差异,但都能满足要求,可以达到 80% 的催化活性重复率。

表 8-3 相同制备方法不同批次 PB/MIL-101(Fe)的重复性比较

批次号	1	2	3	标准偏差/%
催化活性/%	100 ±2.2	88.2 ±2.5	84.1 ±3.4	8.3

通过图8-20的催化剂PB/MIL-101(Fe)催化反应前后的PXRD谱图和SEM照片可知,反应前后催化剂的骨架基本不变,图8-21为反应前后的红外谱图,也说明了催化剂的稳定性很好。

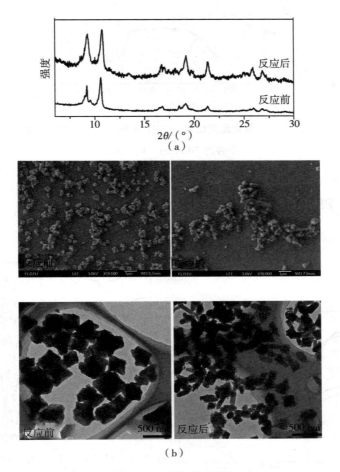

图8-20 催化剂稳定性

注:(a)催化反应前后的PB/MIL-101(Fe)PXRD谱图;
(b)为催化反应前后的PB/MIL-101(Fe)的SEM照片,条件为10 mmol·L^{-1} H$_2$O$_2$。

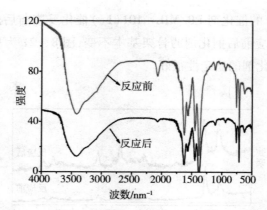

图 8-21 催化反应前后 PB/MIL-101(Fe)的红外谱图
（条件为 10 mmol·L^{-1} H$_2$O$_2$）

8.3.3.4 PB/MIL-101(Fe)生物兼容性修饰后活性比较

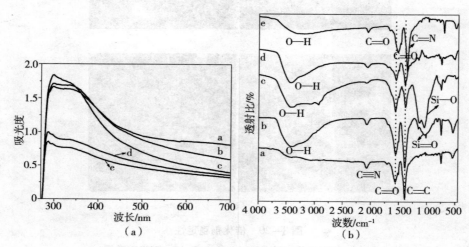

图 8-22 PB/MIL-101(Fe)及生物兼容性修饰后活性比较

注：(a)为 PB/MIL-101(Fe)及生物兼容性修饰后的紫外谱图；
(b)为 PB/MIL-101(Fe)及生物兼容性修饰后的红外谱图。

笔者还对 PB/MIL-101(Fe)材料进行生物兼容性修饰，包括正硅酸乙酯

(TEOS),3-氨基丙基三乙氧基硅烷(APTES),聚乙二醇(PEG-2000),叶酸(FA)。这是很容易实现的,因为在 PB/MIL-101(Fe)表面仍存在未配位的金属位点及有机配体的羧酸基团,这些作用位点可以与生物兼容性的小分子发生配位。修饰后的产物可以通过紫外光谱和红外光谱加以证明,在紫外谱图中可以看到由于小分子的覆盖高波长处的峰一再降低,同时红外谱图也看到了相应的特征峰,比如 Si—O 键,O—H 键的伸缩振动峰(图8-22)。

图8-23给出了生物兼容性修饰后用于测试酶活性随时间的变化图,与未修饰的 PB/MIL-101(Fe)比较发现,修饰后的酶活性明显降低,这可能是因为修饰后分子的覆盖使其活性位点减少,从而使酶的活性降低。

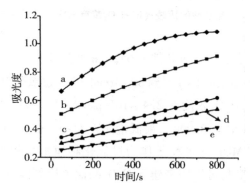

图8-23　生物兼容性修饰后,测试酶活性随时间的变化图

注:a 为未修饰的 PB/MIL-101(Fe);b 为硅壳修饰;c 为胺修饰;d 为 PEG 修饰;e 为 FA;以上物质作为催化剂,TMB 氧化后 652 nm 处的紫外谱图随时间的变化,测试时间为 15 min。

(5)过氧化氢(H_2O_2)、抗坏血酸(AA)、葡萄糖及癌细胞的测定

过氧化物模拟酶催化活性与 H_2O_2 浓度具有相关性,借助颜色和吸光度的变化可以检测 H_2O_2,进一步复合还可间接测定其他生物小分子。

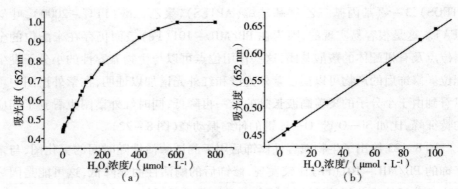

图8-24 过氧化物模拟酶催化活性与 H_2O_2 浓度的关系

注:(a)在最优条件下 PB/MIL-101(Fe)作为过氧化物模拟酶,
不同浓度 H_2O_2 酶活性的比较;(b) H_2O_2 浓度与吸光度的线性关系曲线。

图8-24 给出了最佳反应条件下 652 nm 处紫外吸光度与 H_2O_2 浓度的关系曲线,笔者测量了 0.3 μmol·L^{-1} 到 800 μmol·L^{-1} 过氧化氢浓度条件下的吸光度。在最佳条件下,H_2O_2 浓度在 2.4~100 μmol·L^{-1} 范围内,其与吸光度 A 呈现良好的线性关系($R^2=0.998$),最低检测限 LOD (3σ) 为 0.15 μmol·L^{-1}(表8-4),这与现有用 MOF 纳米粒子作为过氧化物模拟酶相当。同时,过氧化物酶底物颜色的明显变化可以用来建立 H_2O_2 的比色检测器。

表8-4 PB/MIL-101(Fe)与类似纳米材料及 HRP 对于 H_2O_2 检测的
浓度线性范围(LDR)及 LOD

过氧化物模拟酶	LDR/(mmol·L^{-1})	LOD/(μmol·L^{-1})
PB/MIL-101(Fe)(本工作)	0.0024~0.1	0.15
MIL-100(Fe)	0.003~0.04	0.155
MIL-53(Fe)	0.00095~0.019	0.13
Fe_3O_4 MNP	—	—
MWCNT-PBin	0.001~1.5	0.1

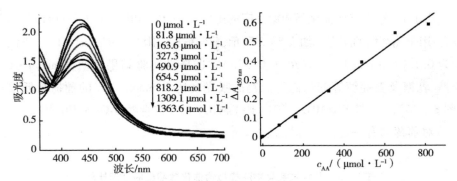

图 8-25 以邻苯二胺(OPD)为指示剂,抗坏血酸 AA 的检测及浓度与吸光度

($\Delta A = A_0 - A_i$)的线性关系

注:实验条件:加入 AA 作为抑制剂,25 ℃反应 15 min,
监测 450 nm 处紫外吸收峰,反应物浓度([OPD]:10 mmol·L^{-1},[H$_2$O$_2$]:
1.0 mol·L^{-1},[MIL-101(Fe)/PB]:0.2 mg·mL^{-1})。

在 H$_2$O$_2$存在条件下,PB/MIL-101(Fe)能够催化氧化邻苯二胺发生颜色变化,由无色变为黄色,当向该体系内加入 AA 时,可以抑制这种颜色变化而建立检测抗坏血酸传感器。随着抗坏血酸的加入,反应液颜色由深变浅。图 8-25 给出了 450 nm 处吸光度与 AA 浓度的关系曲线,AA 浓度在 0.1~800 μmol·L^{-1}范围内,与吸光度 ΔA 呈现良好的线性关系($R^2 = 0.996$),最低检测限 LOD(3σ)为 0.20 μmol·L^{-1}。

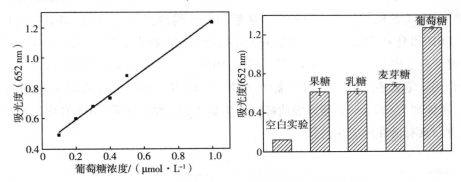

图 8-26 葡萄糖浓度与吸光度的线性关系曲线

注:PB/MIL-101(Fe)与葡萄糖氧化酶
(GOx)复合后对葡萄糖的选择性测试(葡萄糖浓度为 1 mmol·L^{-1};
果糖、乳糖、麦芽糖浓度均为 5 mmol·L^{-1})。

由于 H_2O_2 是 GOx 催化葡萄糖反应的主要产物，PB/MIL-101(Fe)可以与 GOx 复合，用于葡萄糖的测定。如表 8-5 所示，葡萄糖检测限为 0.4 $\mu mol \cdot L^{-1}$，线性范围为 0.1~1.0 $mmol \cdot L^{-1}$(R^2=0.995)。选择性实验结果表明，5 $mmol \cdot L^{-1}$ 果糖、乳糖及麦芽糖等葡萄糖类似物的吸光度比 1 $mmol \cdot L^{-1}$ 的葡萄糖低很多（图 8-26）。说明 PB/MIL-101(Fe)与 GOx 的结合物 GOx-PB/MIL-101(Fe)对葡萄糖有一定的选择性。

表 8-5 几种过氧化物酶模拟物催化葡萄糖的性能比较

过氧化物模拟酶	LDR/($mmol \cdot L^{-1}$)	LOD/($\mu mol \cdot L^{-1}$)
PB/MIL-101(Fe)(本工作)	0.1~1.0	0.4
C-Dots	0.0010~0.50	0.4
$ZnFe_2O_4$	1.25×10^{-3}~1.875×10^{-2}	0.3
GQDs/AgNPs	0.0005~0.4	0.17

众所周知，叶酸在生命中是非常重要的，也是生物监测中常用到的小分子之一，可以检测存在于肿瘤细胞表面的酸受体。因此，笔者以 PB/MIL-101(Fe)-FA 为探针，利用颜色变化快速检测人类乳腺癌细胞(MCF-7)。将材料 PB/MIL-101(Fe)-FA 和 PB/MIL-101(Fe)分别与 MCF-7 放入 DMEM 培养基中培育 1.5 h，然后离心分离。收集后用 PBS 淋洗三次，去除未作用的材料。以 TMB 和 H_2O_2 为反应基，利用紫外光谱检测氧化产物在 652 nm 处紫外吸收峰强度变化。发现培育 1.5 h 后，PB/MIL-101(Fe)-FA 与 MCF-7 表现出更强的作用。笔者还测试了不同浓度的 MCF-7，随着癌细胞数量的增多，作用愈强，这体现为 652 nm 处紫外吸收峰强度明显增强。结果证明 MOF 在癌细胞检测方面具有潜在的应用前景。

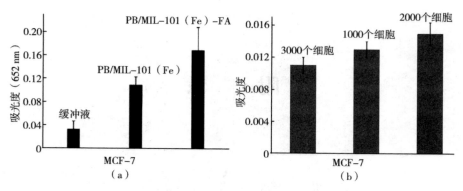

图 8-27　以 PB/MIL-101(Fe)-FA 为探针快速检测 MCF-7

注:(a)为生物兼容性修饰后用于叶酸受体过量表达的检测,条件为 $5×10^4$ 个 MCF-7 细胞;(b)为 PB/MIL-101(Fe)-FA 作为探针监测 652 nm 处紫外吸收峰强度随癌细胞浓度的变化图。

8.4　结论

本章利用金属有机骨架材料 MIL-101(Fe)作为支撑骨架,经过高温活化处理后,金属有机骨架中参与配位的溶剂分子很容易失去而造成骨架端点的金属中心配位不饱和,这样利用裸露的金属中心及外围羧基对 MIL-10(Fe)进行功能化修饰,因此本章利用普鲁士蓝骨架中—C≡N—的氮原子与 MIL-101(Fe)骨架中的三价铁(Fe^{III})进行配位,形成 PB—C≡N—MIL—101(Fe)键,得到 PB/MIL-101(Fe)。新得到的金属有机骨架材料由于普鲁士蓝的修饰,使其具有更多的活性位点及更大的比表面积、空间。笔者发现其表现出更高的过氧化物酶的活性,在以 TMB 为显色试剂时,在 pH=5 时,过氧化氢存在下,TMB 很快被氧化并显蓝色。其可以用来检测 H_2O_2、抗坏血酸、葡萄糖。同时,笔者还发现 PB/MIL-101(Fe)很容易被生物兼容性好的小分子修饰,并仍保持很高的过氧化物酶活性。其可以用于生物中小分子的测试。因此,这种通过对金属空位进行配位修饰的策略,使金属有机骨架表面功能化,并带来更多的性质,也利于进一步修饰使其生物兼容性更好,在环境化学、生物、医药领域具有潜在的应用前景。

附 录

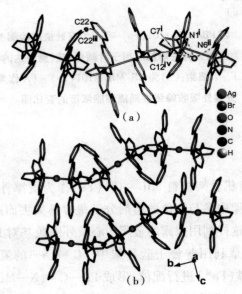

附图 1 配合物 7 的拓扑结构

注：操作代码：^{i} -0.5+x, 0.5-y, -0.5+z；^{ii} 2-x, y, 0.5-z；^{iii} 2-x, y, 1.5-z；^{iv} 2.5-x, 0.5-y, 1-z。

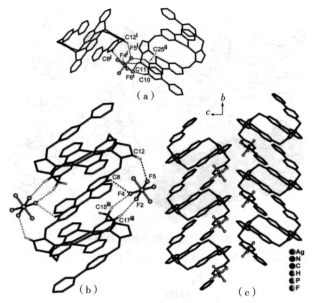

附图2 配合物 8b 的拓扑结构

注:操作代码:^{i} $1-x$, $0.5+y$, $0.5-y$; ^{ii} $1-x$, $1-y$, $-z$; ^{iii} x, $-1+y$, z。

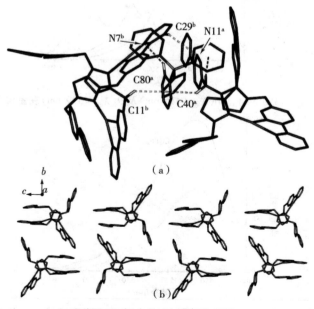

附图3 配合物 8c 的拓扑结构

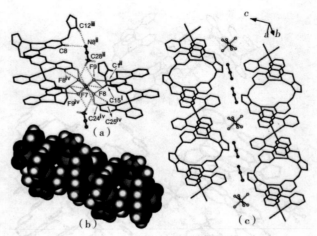

附图4 配合物 9 的拓扑结构

注:操作代码: $^{i} x, y, -1+z$; $^{ii} 1-x, 1-y, 1-z$; $^{iii} 1-x, 1-y, 2-z$; $^{iv} 2-x, 2-y, 1-z$。

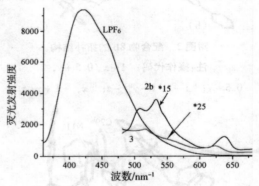

附图5 LPF$_6$(λ_{ex} = 350 nm),8b(λ_{ex} = 415 nm)及 9(λ_{ex} = 399 nm)在室温下的固体荧光

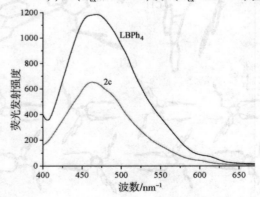

附图6 LBPh$_4$(λ_{ex} = 375 nm)和 8c(λ_{ex} = 390 nm)在室温下的固体荧光

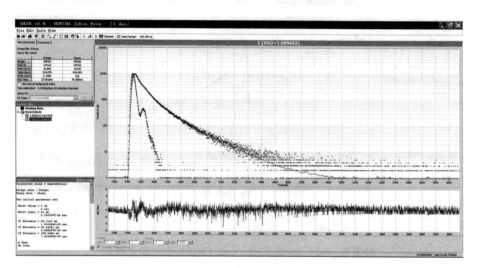

附图7 7(0.5 mmol·L^{-1})在 CH$_3$CN 中的荧光寿命

注:$\lambda_{ex}=315$ nm,$\lambda_{em}=415$ nm。

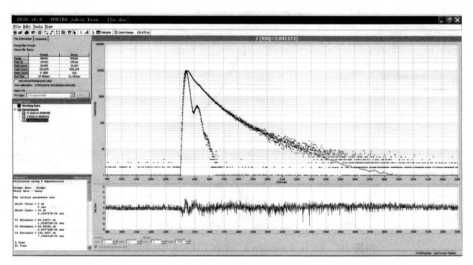

附图8 8a(0.8 mmol·L^{-1})在 CH$_3$CN 中的荧光寿命

注:$\lambda_{ex}=358$ nm,$\lambda_{em}=441$ nm。

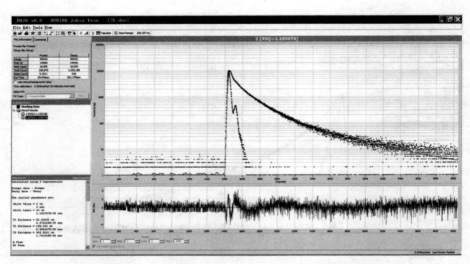

附图9　8b(0.1 mmol·L^{-1})在 CH$_3$CN 中的荧光寿命

注：$\lambda_{ex}=321$ nm，$\lambda_{em}=417$ nm。

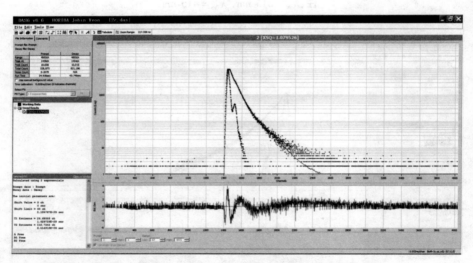

附图10　8c(0.8 mmol·L^{-1})在 CH$_3$CN 中的荧光寿命

注：$\lambda_{ex}=357$ nm，$\lambda_{em}=434$ nm。

参考文献

[1] CRAM D J. The Design of molecular hosts, guests, and their complexes[J]. Angewandte Chemie(International Edition),1988,27(8):1009-1020.

[2] LEHN J M. Cryptates: The chemistry of macropolycyclic inclusion complexes [J]. Accounts of Chemical Research,1978,11(2):49-57.

[3] [英]斯蒂德(Steed, J. W.),阿特伍德(Atwood, J. L.). 超分子化学[M]. 赵耀鹏,孙震,译. 北京:化学工业出版社,2006.

[4] STEED J W, TURNER D R, WALLACE K J. Core concepts in supramolecular chemistry and nanochemistry[J]. Journal of the American Chemical Society, 2007,129(46):14524.

[5] WHITESIDES G M, GRZYBOWSKI B. Self-assembly at all scales[J]. Science,2002,295(5564):2418-2421.

[6] RINGSDORF H, SIMON J. Molecular self-assembly. Snap-together vesicles [J]. Nature,1994,371:284-285.

[7] 沈家骢,孙俊奇. 超分子科学研究进展[J]. 中国科学院院刊,2004,19(6):420-424.

[8] SERVICE R F. How far can we push chemical self-assembly[J]. Science, 2005,309(5731):95.

[9] WHITESIDES G M, BONCHEVA M. Beyond molecules:self-assembly of mesoscopic and macroscopic components[J]. Proceedings of the National Academy of Sciences of the United States of America,2002,99(8):4769-4774.

[10] BOWMAN-JAMES K. Alfred werner revisited:the coordination chemistry of anions[J]. Accounts of Chemical Research,2005,38:671-678.

[11] PARK C H, SIMMONS H E. Macrobicyclic amines. Ⅲ. Encapsulation of halide

ions by in, in − 1, (k + 2) − diazabicyclo [k. l. m] alkane − ammonium Ions [J]. Journal of the American Chemical Society, 1968, 90(9): 2431 − 2432.

[12] BELL R A, CHRISTOPH G G, FRONCZEK F R, et al. The cation $H_{13}O_6^+$: a short, symmetric hydrogen bond [J]. Science, 1975, 190(4210): 151 − 152.

[13] 贾传东. 多齿脲类受体的设计、合成与阴离子识别性质 [D]. 兰州: 中国科学院兰州化学物理研究所, 2010.

[14] GALBRAITH E, JAMES T D. Boron based anion receptors as sensors [J]. Chemical Society Reviews, 2010, 39(10): 3831 − 3842.

[15] 郝勇静. 脲类荧光传感器的合成及其阴离子结合性质的研究 [D]. 兰州: 中国科学院兰州化学物理研究所, 2011.

[16] JIA C, WU B, LI S, et al. A fully complementary, high − affinity receptor for phosphate and sulfate based on an acyclic tris(urea) scaffold [J]. Chemical Communications, 2010, 46(29): 5376 − 5378.

[17] JIA C D, WU B, LI S G. Highly efficient extraction of sulfate ions with a tripodal hexaurea receptor [J]. Angewandte Chemie (International Edition), 2011, 50(2): 486 − 490.

[18] JIA C, WU B, LI S, et al. Tetraureas versus triureas in sulfate binding [J]. Organic Letters, 2010, 12(24): 5612 − 5615.

[19] LI S, WEI M, HUANG X, et al. Ion − pair induced self − assembly of molecular barrels with encapsulated tetraalkylammonium cations based on a bis − trisurea stave [J]. Chemical Communications, 2012, 48(25): 3097 − 3099.

[20] HUBIN T J, BUSCH D H. Template routes to interlocked molecular structures and orderly molecular entanglements [J]. Coordination Chemistry Reviews, 2000, 200: 5 − 52.

[21] GREENE R N. 18 − crown − 6: a strong complexing agent for alkali metal cations [J]. Tetrahedron Letters, 1972, 13(18): 1793 − 1796.

[22] DIETRICH − BUCHECKER C O, SAUVAGE J P, KERN J M. Templated synthesis of interlocked macrocyclic ligands: the catenands [J]. Journal of the American Chemical Society, 1984, 106(10): 3043 − 3045.

[23] DIETRICH − BUCHECKER C O, SAUVAGE J P. Interlocking of molecular

threads: from the statistical approach to the templated synthesis of catenands [J]. Chemical Reviews, 1987, 87(4): 795 – 810.

[24] YANG X G, KNOBLER C B, HAWTHORNE M F. [12] Mercuracarborand – 4, the first representative of a new class of rigid macrocyclic electrophiles: the chloride ion complex of a charge – reversed analogue of [12] crown – 4 [J]. Angewandte Chemie (International Edition), 1991, 30(11): 1507 – 1508

[25] ZHENG Z P, KNOBLER C B, HAWTHORNE M F. Stereoselective anion template effects: syntheses and molecular structures of tetraphenyl [12] mercuracarborand – 4 complexes of halide ions [J]. Journal of the American Chemical Society, 1995, 117(18): 5105 – 5113.

[26] HASENKNOPF B, LEHN J M, KNEISEL B O, et al. Self – assembly of a circular double helicate [J]. Angewandte Chemie (International Edition), 1996, 35 (16): 1838 – 1840.

[27] HASENKNOPF B, LEHN J M, BOUMEDIENE N, et al. Self – assembly of tetra – and hexanuclear circular helicates [J]. Journal of the American Chemical Society, 1997, 119: 10956 – 10962.

[28] HASENKNOPF B, LEHN J M, BOUMEDIENE N, et al. Kinetic and Thermodynamic control in self – assembly: sequential formation of linear and circular helicates [J]. Angewandte Chemie (International Edition), 1998, 37(23): 3265 – 3268.

[29] CAMPOS – FERNÁNDEZ C S, CLÉRAC R, KOOMEN J M, et al. Fine – tuning the ring – size of metallacyclophanes: a rational approach to molecular pentagons [J]. Journal of the American Chemical Society, 2001, 123(4): 773 – 774.

[30] CAMPOS – FERNANDEZ C S, CLERAC R, DUNBAR K R. A one – pot, high – yield synthesis of a paramagnetic nickel square from divergent precursors by anion template assembly [J]. Angewandte Chemie (International Edition), 1999, 38(23): 3477 – 3479.

[31] BASHALL A, BOND A D, DOYLE E L, et al. Templating and selection in the formation of macrocycles containing $[\{P(mu-NtBu)_2\}(micro-NH)]_n$ frameworks: observation of halide ion coordination [J]. Chemistry – A European

Journal,2002,8:3377-3385.

[32] GARCÍA F,GOODMAN J M,KOWENICKI R A,et al. Selection of a pentameric host in the host-guest complexes [[[[P(mu-NtBu)]$_2$(mu-NH)]$_5$]·I]-[Li(thf)$_4$]$^+$ and [[[P(mu-NtBu)]$_2$(mu-NH)]$_5$]·HBr·THF[J]. Chemistry,2004,10(23):6066-6072.

[33] ALBRECHT M,KOTILA S. Formation of a "meso-helicate" by self-assembly of three bis(catecholate) ligands and two titanium(IV) ions[J]. Angewandte Chemie(International Edition),1995,34(19):2134-2137.

[34] ALBRECHT M. "Let's twist again"-double-stranded, triple-stranded, and circular helicates[J]. Chemical Reviews,2001,101(11):3457-3497.

[35] HARDING L P,JEFFERY J C,RIIS-JOHANNESSEN T,et al. Anion control of ligand self-recognition in a triple helical array[J]. Chemical Communications,2004(6):654-655.

[36] BAKER N C A,MCGAUGHEY N,FLETCHER N C,et al. The comparison of fac and mer ruthenium(II) trischelate complexes in anion binding[J]. Dalton Transactions,2009(6):965-972.

[37] MCMORRAN D A,STEEL P J. The first coordinatively saturated, quadruply stranded helicate and its encapsulation of a hexafluorophosphate anion[J]. Angewandte Chemie(International Edition),1998,37(23):3295-3297.

[38] PIGUET C,BERNARDINELLI G,HOPFGARTNER G. Helicates as versatile supramolecular complexes[J]. Chemical Reviews,1997,97(6):2005-2062.

[39] NITSCHKE J R. Construction, substitution, and sorting of metallo-organic structures via subcomponent self-assembly[J]. Accounts of Chemical Research,2007,40(2):103-112.

[40] JUWARKER H,JEONG K S. Anion-controlled foldamers[J]. Chemical Society Reviews,2010,39(10):3664-3674.

[41] WU B,JIA C,WANG X,et al. Chloride coordination by oligoureas:from mononuclear crescents to dinuclear foldamers[J]. Organic Letters,2012,14(3):684-687.

[42] SÁNCHEZ-QUESADA J,SEEL C,PRADOS P,et al. Anion helicates:double

strand helical self-assembly of chiral bicyclic guanidinium dimers and tetramers around sulfate templates[J]. Journal of the American Chemical Society, 1996,118(1):277-278.

[43] KEEGAN J, KRUGER P E, NIEUWENHUYZEN M, et al. Anion directed assembly of a dinuclear double helicate[J]. Chemical Communications,2001, 37(21):2192-2193.

[44] COLES S J, FREY J G, GALE P A, et al. Anion-directed assembly: the first fluoride-directed double helix[J]. Chemical Communications,2003,39(5): 568-569.

[45] HAKETA Y, MAEDA H. From helix to macrocycle: anion-driven conformation control of π conjugated acyclic oligopyrroles[J] Chemistry: A European Journal,2011,17(5):1485-1492.

[46] FLEMING J S, MANN K L V, CARRAZ C A, et al. Anion-templated assembly of a supramolecular cage complex[J]. Angewandte Chemie (International Edition),1998,37(9):1279-1281.

[47] PAUL R L, BELL Z R, JEFFERY J C, et al. Anion-templated self-assembly of tetrahedral cage complexes of cobalt(Ⅱ) with bridging ligands containing two bidentate pyrazolyl-pyridine binding sites[J.] Proceedings of the National Academy of Sciences of the United States of America, 2002, 99 (8): 4883-4888.

[48] VILAR R, MINGOS D M P, WHITE A J P, et al. Anion control in the self-assembly of a cage coordination complex[J] Angewandte Chemie(International Edition),1998,37(9):1258-1261.

[49] VILAR R, MINGOS D M P, WHITE A J P, et al. Aufbau synthesis of a mixed-metal anion receptor cage[J]. Chemical Communications,1999(3): 229-230.

[50] CHENG S T, DOXIADI E, VILAR R, et al. Anion templated synthesis of Ni/Pd containing metalla-macrocycles[J]. Journal of the Chemical Society, Dalton Transactions. Inorganic Chemistry,2001(15):2239-2244.

[51] DOXIADI E, VILAR R, WHITE A J P, et al. Anion-templated synthesis and

structural characterisation of Ni/Pd - containing metalla - macrocycles[J]. Polyhedron,2003,22(2):2991-2998.

[52] CHAND D K, BIRADHA K, KAWANO M, et al. Dynamic self - assembly of an M_3L_6 molecular triangle and an M_4L_8 tetrahedron from naked Pd(Ⅱ) ions and bis(3 - pyridyl) - substituted arenes[J]. Chemistry, An Asian Journal, 2006, 1(1-2):82-90.

[53] FYFE M C T, GLINK P T, MENZER S, et al. Anion - assisted self - assembly [J]. Angewandte Chemie (International Edition), 1997, 36 (19): 2068-2070.

[54] HÜBNER G M, GLÄSER J, SEEL C, et al. High - yielding rotaxane synthesis with an anion template[J]. Angewandte Chemie(International Edition),1999, 38(3):383-386.

[55] REUTER C, WIENAND W, HÜBNER G M, et al. High - yield synthesis of ester, carbonate, and acetal rotaxanes by anion template assistance and their hydrolytic dethreading[J]. Chemistry - A European Journal,1999,5(9):2692-2697.

[56] SEEL C, VÖGTLE F. Templates,"wheeled reagents", and a new route to rotaxanes by anion complexation:the trapping method[J]. Chemistry - A European Journal,2000,6(1):21-24.

[57] SAMBROOK M R, BEER P D, WISNER J A, et al. Anion - templated assembly of pseudorotaxanes: importance of anion template, strength of ion - pair thread association, and macrocycle ring size[J]. Journal of the American Chemical Society,2005,127(7):2292-2302.

[58] NG K Y, COWLEY A R, BEER P D. Anion templated double cyclization assembly of a chloride selective [2]catenane[J]. Chemical Communications, 2006,35:3676-3678.

[59] LINDSEY J S. Self - assembly in synthetic routes to molecular devices, biological principles and chemical perspectives:A review[J]. New Journal of Chemistry,1991,15(2-3):153-180.

[60] CARRANO C J, RAYMOND K N. Coordination chemistry of microbial iron

transport compounds. 10. Characterization of the complexes of rhodotorulic acid, a dihydroxamate siderophore[J]. Journal of the American Chemical Society,1978,100(17):5371-5374.

[61] ELLIOTT C M, DERR D L, FERRERE S, et al. Donor/acceptor coupling in mixed-valent dinuclear iron polypyridyl complexes:Experimental and theoretical considerations[J]. Journal of the American Chemical Society,1996,118(22):5221-5228.

[62] HANAN G S, ARANA C R, LEHN J M, et al. Synthesis,structure,and properties of dDinuclear and trinuclear rRack-type Ru~(Ⅱ)complexes[J]. Angewandte Chemie International Edition,1995,34(10):1122-1124.

[63] BAXTER P N W, HANAN G S, LEHN J M. Inorganic arrays via multicomponent self-assembly:the spontaneous generation of ladder architectures[J]. Chemical Communications,1996(17):2019-2020.

[64] BAXTER P N W, LEHN J M, FISCHER J, et al. Self-assembly and structure of a 3×3 inorganic grid from nine silver ions and six ligand components[J]. Angewandte Chemie(International Edition) English,1994,33(22):2284-2287.

[65] BALZANI V, CREDI A, RAYMO F M, et al. Artificial molecular machines[J]. Angewandte Chemie International Edition,2000,39(19):3348-3391.

[66] LAWRENCE D S, JIANG T, LEVETT M. Self-assembling supramolecular complexes[J]. Chemical Reviews,1995,95(6):2229-2260.

[67] YASHIMA E, MAEDA K, IIDA H, et al. Helical polymers:synthesis,structures,and functions[J]. Chemical Reviews,2009,109(11):6102-6211.

[68] SERR B R, ANDERSEN K A, ELLIOTT C M, et al. A triply bridged dinuclear tris(bipyridine)iron(Ⅱ)complex:Synthesis and electrochemical and structural studies[J]. Inorganic Chemistry,1988,27(24):4499-4504.

[69] YOUINOU M T, ZIESSEL R, LEHN J M. Formation of dihelicate and mononuclear complexes from ethane-bridged dimeric bipyridine or phenanthroline ligands with copper(Ⅰ), cobalt(Ⅱ), and iron(Ⅱ) cations[J]. Inorganic Chemistry,1991,30(9):2144-2148.

[70] ALBRECHT M, RIETHER C. Self-assembly of a triple-stranded meso-helicate from two iron(II) ions and three [CH$_2$]$_3$-bridged bis(2,2'-bipyridine) ligands[J]. Chemische Berichte, 1996, 129(7): 829-832.

[71] ENEMARK E J, STACK T D P. Synthesis and structural characterization of a stereospecific dinuclear gallium triple helix: use of the trans-influence in metal-assisted self-assembly[J]. Angewandte Chemie International Edition, 1995, 34(9): 996-998.

[72] KERSTING B, MEYER M, POWERS R E, et al. Dinuclear catecholate helicates: Their inversion mechanism[J]. Journal of the American Chemical Society, 1996, 118(30): 7221-7222.

[73] MEYER M, KERSTING B, POWERS R E, et al. Rearrangement reactions in dinuclear triple helicates[J]. Inorganic Chemistry, 1997, 36(23): 5179-5191.

[74] ALBRECHT M, FRÖHLICH R. Controlling the orientation of sequential ligands in the self-assembly of binuclear coordination compounds[J]. Journal of the American Chemical Society, 1997, 119(7): 1656-1661.

[75] JANSER I, FROHLICH R, HOUJOU H, et al. Long-range stereocontrol in the self-assembly of two-nanometer-dimensioned triple-stranded dinuclear helicates[J]. Chemistry - A European Journal, 2004, 10(11): 2839-2850.

[76] WILLIAMS A F, PIGUET C, BERNARDINELLI G. A self-assembling triple-helical Co$_2^{II}$ complex: synthesis and structure[J]. Angewandte Chemie International Edition, 1991, 30(11): 1490-1492.

[77] CHARBONNIÈRE L J, BERNARDINELLI G, PIGUET C, et al. Synthesis, structure and resolution of a dinuclear Co^{III} triple helix[J]. Journal of the Chemical Society Chemical Communications, 1994: 1419-1420.

[78] CHARBONNIÈRE L J, WILLIAMS A F, FREY U, et al. A comparison of the lability of mononuclear octahedral and dinuclear triple-helical complexes of cobalt(II)[J]. Journal of the American Chemical Society, 1997, 119(10): 2488-2496.

[79] PIGUET C, BERNARDINELLI G, BOCQUET B, et al. Cobalt(III)/cobalt(II)

electrochemical potential controlled by steric constraints in self-assembled dinuclear triple-helical complexes[J]. Inorganic Chemistry,1994,33(18):4112-4121.

[80] ZHANG Z,DOLPHIN D. A triple-stranded helicate and mesocate from the same metal and ligand [J]. Chemical Communications, 2009 (45):6931-6933.

[81] ZHANG Z,DOLPHIN D. Synthesis of triple-stranded complexes using bis (dipyrromethene) ligands [J]. Inorganic Chemistry, 2010, 49 (24):11550-11555.

[82] KNOF U,VON ZELEWSKY A. Predetermined chirality at metal centers[J]. Angewandte Chemie International Edition,1999,38(3):302-322.

[83] ALBRECHT M. How do they know? Influencing the relative stereochemistry of the complex units of dinuclear triple-stranded helicat-type complexes[J]. Chemistry-A European Journal,2000,6(19):3485-3489.

[84] ALBRECHT M,FRÖEHLICH R. Symmetry driven self-assembly of metallo-supramolecular architectures[J]. Bulletin of the Chemical Society of Japan, 2007,80(5):797-808.

[85] CAULDER D L,RAYMOND K N. The rational design of high symmetry coordination clusters[J]. Journal of the Chemical Society,Dalton Transactions. Inorganic Chemistry,1999(8):1185-1200.

[86] XU J D,PARAC T N,RAYMOND K N. meso myths:What drives assembly of helical versus meso-$[M_2L_3]$ clusters? [J]. Angewandte Chemie International Edition,1999,38(19):2878-2882.

[87] ALBRECHT M,KOTILA S. Counter-ion induced self-assembly of a meso-helicate type molecular box [J] Chemical Communications, 1996 (20):2309-2310.

[88] SCHERER M,CAULDER D L,JOHNSON D W,et al. Triple helicate-tetrahedral cluster interconversion controlled by host-guest interactions[J]. Angewandte Chemie International Edition,1999,38(11):1587-1592.

[89] ALBRECHT M,BLAU O,FRÖHLICH R. "Size-selectivity" in the template-

directed assembly of dinuclear triple-stranded helicates[J]. Proceedings of the National Academy of Sciences of the United States of America,2002,99(8):4867-4872.

[90] SAALFRANK R W,DRESEL A,SEITZ V,et al. Chelate complexes. 9. Topologic equivalents of coronands,cryptands and their inclusion complex. Synthesis,structure and properties of {2}-metallacryptands and {2}-metallacryptates[J]. Chemistry-A European Journal,1997,3(12):2058-2062.

[91] KATAYEV E A,USTYNYUK Y A,SESSLER J L. Receptors for tetrahedral oxyanions[J]. Coordination Chemistry Reviews,2006,250(23-24):3004-3037.

[92] KANG S O,BEGUM R A,BOWMAN-JAMES K. Amide-based ligands for anion coordination[J]. Angewandte Chemie International Edition,2006,45(47):7882-7894.

[93] CALTAGIRONE C,GALE P A. Anion receptor chemistry:highlights from 2007[J]. Chemical Society Reviews,2009,38(2):520-563.

[94] GALE P A,GARCÍA-GARRIDO S E,GARRIC J. Anion receptors based on organic frameworks:highlights from 2005 and 2006[J]. Chemical Society Reviews,2008,37(1):151-190.

[95] MULLEN K M,BEER P D. Sulfate anion templation of macrocycles,capsules,interpenetrated and interlocked structures[J]. Chemical Society Reviews,2009,38(6):1701-1713.

[96] STEED J W. Coordination and organometallic compounds as anion receptors and sensors[J]. Chemical Society Reviews,2009,38(2):506-519.

[97] AMENDOLA V,FABBRIZZI L. Anion receptors that contain metals as structural units[J]. Chemical Communications,2009(5):513-531.

[98] GOETZ S,KRUGER P E. A new twist in anion binding:Metallo-helicate hosts for anionic guests[J]. Dalton Transactions,2006,6(10):1277-1284.

[99] HARDING L P,JEFFERY J C,RIIS-JOHANNESSEN T,et al. Anion control of the formation of geometric isomers in a triple helical array[J]. Dalton Transactions,2004,37(16):2396-2397.

[100] CAMPOS - FERNÁNDEZ C S, SCHOTTEL B L, CHIFOTIDES H T, et al. Anion template effect on the self - assembly and interconversion of metallacyclophanes[J]. Journal of the American Chemical Society, 2005, 127(37): 12909 - 12923.

[101] ARGENT S P, RIIS - JOHANNESSEN T, JEFFERY J C, et al. Diastereoselective formation and optical activity of an M_4L_6 cage complex[J]. Chemical Communications, 2005(37):4647 - 4649.

[102] HÜBNER G M, GLÄSER J, SEEL C, et al. High - yielding rotaxane synthesis with an anion template[J]. Angewandte Chemie International Edition, 1999, 38(3):383 - 386.

[103] LI M, WU B, JIA C, et al. An electrochemical and optical anion chemosensor based on tripodal tris(ferrocenylurea)[J]. Chemistry - A European Journal, 2011, 17(7):2272 - 2280.

[104] WU B, YANG J, HUANG X J, et al. Anion binding by metallo - receptors of 5,5' - dicarbamate - 2,2' - bipyridine ligands[J]. Dalton Transactions, 2011, 40(21):5687 - 5696.

[105] ZHUGE F Y, WU B, LIANG J J, et al. Full - or half - encapsulation of sulfate anion by a tris(3 - pyridylurea) receptor: Effect of the secondary coordination sphere[J]. Inorganic Chemistry, 2009, 48(21):10249 - 10256.

[106] YANG Z W, WU B, HUANG X J, et al. Sulfate encapsulation in a metal - assisted capsule based on a mono - pyridylurea ligand[J]. Chemical Communications, 2011, 47(10):2880 - 2882.

[107] SAMBROOK M R, CURIEL D, HAYES E J, et al. Sensitised near infrared emission from lanthanides via anion - templated assembly of d - f heteronuclear [2] pseudorotaxanes[J]. New Journal of Chemistry, 2006, 30(8):1133 - 1136.

[108] AMENDOLA V, BOIOCCHI M, COLASSON B, et al. A metal - based trisimidazolium cage that provides six C - H hydrogen - bond - donor fragments and includes anions[J]. Angewandte Chemie International Edition, 2006, 45(41):6920 - 6924.

[109] PERKINS D F, LINDOY L F, MCAULEY A, et al. Manganese(Ⅱ), iron(Ⅱ), cobalt(Ⅱ), and copper(Ⅱ) complexes of an extended inherently chiral tris – bipyridyl cage[J]. Proceedings of the National Academy of Sciences of the United States of America, 2006, 103(3):532 – 537.

[110] PERSSON I, PERSSON P, SANDSTROEM M, et al. Structure of Jahn – Teller distorted solvated copper(Ⅱ) ions in solution, and in solids with apparently regular octahedral coordination geometry[J]. Journal of the Chemical Society, Dalton Transactions. Inorganic Chemistry, 2002(7):1256 – 1265.

[111] OTIENO T, BLANTON J R, HATFIELD M J, et al. A copper(Ⅱ) – pyrazole complex cation with $\bar{3}$ imposed symmetry[J]. Acta crystallographica. Section C, Crystal structure communications, 2002, 58(3):m182 – m185.

[112] DEETH R J, HEARNSHAW L J A. Molecular modelling of Jahn – Teller distortions in Cu(Ⅱ)N_6 complexes: Elongations, compressions and the pathways in between[J]. Dalton Transactions, 2006, 1(8):1092 – 1100.

[113] FENTON H, TIDMARSH I S, WARD M D. Homonuclear and heteronuclear complexes of a four – armed octadentate ligand: synthetic control based on matching ligand denticity with metal ion coordination preferences[J]. Dalton Transactions, 2009, 2009(21):4199 – 4207.

[114] JU H Y, MANJU M D, PARK D W. Performance of ionic liquid as catalysts in the synthesis of dimethyl carbonate from ethylene carbonate and methanol[J]. Reaction Kinetics and Catalysis Letters, 2007, 90(1):3 – 9.

[115] WILDE H E. Potentiometric determination of boron in aluminum oxide – boron carbide using an ion specific electrode[J]. Analytical Chemistry, 1973, 45(8):1526 – 1528.

[116] DU F Y, XIAO X H, LUO X J, et al. Application of ionic liquids in the microwave – assisted extraction of polyphenolic compounds from medicinal plants [J]. Talanta: The International Journal of Pure and Applied Analytical Chemistry, 2009, 78(3):1177 – 1184.

[117] LIU W Q, OLIVER A G, SMITH B D. Stabilization and extraction of fluoride anion using a tetralactam receptor[J]. The Journal of Organic Chemistry,

2019,84(7):4050-4057.

[118] KUBIK S. Anion recognition in aqueous media by cyclopeptides and other synthetic receptors[J]. Accounts of Chemical Research,2017,50(11):2870-2878.

[119] OKESOLA B O,SMITH D K. Applying low-molecular weight supramolecular gelators in an environmental setting-self-assembled gels as smart materials for pollutant removal[J]. Chemical Society Reviews,2016,45:4226-4251.

[120] ZHOU L P,SUN Q F. A self-assembled Pd_2L_4 cage that selectively encapsulates nitrate[J]. Chemical Communications,2015,51(94):16767-16770.

[121] RICE C R,SLATER C,FAULKNER R A et al. Self-Assembly of an Anion-binding cryptand for the selective encapsulation,sequestration,and precipitation of phosphate from aqueous systems[J]. Angewandte Chemie International Edition,2018,57(40):13071-13075.

[122] CUSTELCEAN R. Anions in crystal engineering[J]. Chemical Society Reviews,2010,39(10):3675-3685.

[123] EVANS N H,BEER P D. Advances in anion supramolecular chemistry:From recognition to chemical applications[J]. Angewandte Chemie International Edition,2014,53(44):11716-11754.

[124] WU B,LIANG J,J ZHAO Y X,et al. Sulfate encapsulation in three-fold interpenetrated metal-organic frameworks with bis(pyridylurea) ligands[J]. CrystEngComm,2019,12(7):2129-2134.

[125] PAUL R L,COUCHMAN S M,JEFFERY J C,et al. Effects of metal co-ordination geometry on self-assembly:A dinuclear double helicate complex and a tetranuclear cage complex of a new bis-bidentate bridging ligand[J]. Journal of the Chemical Society,Dalton Transactions,2000(6):845-851.

[126] PAUL R L,ARGENT S P,JEFFERY J C,et al. Structures and anion-binding properties of M_4L_6 tetrahedral cage complexes with large central cavities [J]. Dalton Transactions,2004(21):3453-3458.

[127] LAURENCE R,BRIAN E M,CARINE G D,et al. Host-guest interactions:design strategy and structure of an unusual cobalt cage that encapsulates a tet-

rafluoroborate anion[J]. Angewandte Chemie International Edition, 2005, 44 (29):4543-4546.

[128] AMOURI H, RAGER M N, CAGNOL F, et al. Rational design and X-ray molecular structure of the first irido-cryptand and encapsulation of a tetrafluoroborate anion[J]. Angewandte Chemie International Edition, 2001, 2(19): 3636-3638.

[129] WENZEL M, KNAPP Q W, PLIEGER P G. A bis-salicylaldoximato-copper (II) receptor for selective sulfate uptake[J]. Chemical Communications, 2011, 47(1):499-501.

[130] CUSTELCEAN R, BOSANO J, BONNESEN P V, et al. Computer-aided design of a sulfate-encapsulating receptor[J]. Angewandte Chemie International Edition, 2009, 48(22):4025-4029.

[131] CUSTELCEAN R, HAVERLOCK T J, MOYER B A. Anion separation by selective crystallization of metal-organic frameworks[J]. Inorganic Chemistry, 2006, 45(16):6446-6452.

[132] FENTON H, TIDMARSH I S, WARD M D. Homonuclear and heteronuclear complexes of a four-armed octadentate ligand: synthetic control based on matching ligand denticity with metal ion coordination preferences[J]. Dalton Transactions, 2009(21):4199-4207.

[133] PAUL R L, BELL Z R, JEFFERY J C, et al. Complexes of a bis-bidentate ligand with d_{10} ions: a mononuclear complex with Ag(I), and a tetrahedral cage complex with Zn(II) which encapsulates a fluoroborate anion[J]. Polyhedron, 2003, 22(5):781-787.

[134] MARCUS Y. Thermodynamics of solvation of ions. part 5.—Gibbs free energy of hydration at 298.15 K[J]. Journal of the Chemical Society, Faraday Transactions, 1991, 87:2995-2999.

[135] FLEMING J S, MANN K L V, CARRAZ C A, et al. Anion-templated assembly of a supramolecular cage complex[J]. Angewandte Chemie International Edition, 1998, 37(9):1279-1281.

[136] STEEL P J. Ligand design in multimetallic architectures: six lessons learned

[J]. Accounts of Chemical Research,2005,38(4):243-250.

[137] SEIDEL S R, STANG P J. High-symmetry coordination cages via self-assembly[J]. Accounts of Chemical Research,2002,35(11):972-983.

[138] YE B H, TONG M L, CHEN X M. Metal-organic molecular architectures with 2,2'-bipyridyl-like and carboxylate ligands[J]. Coordination Chemistry Reviews,2005,249(5-6):545-565.

[139] ANIAK C, SCHARMANN T G, ALBRECHT P, et al. [Hydrotris(1,2,4-triazolyl)borato]silver(I): structure and optical properties of a coordination polymer constructed from a modified poly(pyrazolyl)borate ligand[J]. Journal of the American Chemical Society,1996,118(26):6307-6308.

[140] DORN T, FROMM K M, JANIAK C. {Ag(isonicotinamide)$_2$NO$_3$}$_2$-a stable form of silver nitrate[J]. Australian Journal of Chemistry,2006,59(1):22-25.

[141] MELAIYE A, SUN Z H, HINDI K, et al. Silver(I)-imidazole cyclophane gem-diol complexes encapsulated by electrospun tecophilic nanofibers: formation of nanosilver particles and antimicrobial activity[J]. Journal of the American Chemical Society,2005,127(7):2285-2291.

[142] ÖZDEMIR i, GÜRBÜZ N, DOĞAN Ö, et al. Synthesis and antimicrobial activity of Ag(I)-N-heterocyclic carbene complexes derived from benzimidazol-2-ylidene[J]. Applied Organometallic Chemistry,2010,24(11):758-762.

[143] MELAIYE A, SIMONS R S, MILSTED A, et al. Formation of water-soluble pincer silver(I) carbene complexes: a novel antimicrobial agent[J]. Journal of Medicinal Chemistry,2004,47(4):973-977.

[144] WEI Q H, ZHANG L Y, YIN G Q, et al. Luminescent heteronuclear Au$_5^I$Ag$_8^I$ complexes of {1,2,3-C$_6$(C$_6$H$_4$R-4)$_3$}$^{3-}$ (R) H,CH$_3$,Bu^t) by cyclotrimerization of arylacetylides[J]. Journal of the American Chemical Society,2004,126(32):9940-9941.

[145] YIN G Q, WEI Q H, ZHANG L Y, et al. Luminescent Pt^{II}-M^I(M = Cu, Ag, Au) heteronuclear alkynyl complexes prepared by reaction of [Pt(C≡CR)$_4$]$^{2-}$ with [M$_2$(dppm)$_2$]$^{2+}$ (dppm) bis(diphenylphosphino)methane)

[J]. Organometallics,2006,25(3):580-587.

[146] DI BERNARDO P,MELCHIOR A,PORTANOVA R,et al. Complex formation of N-donor ligands with group 11 monovalent ions[J]. Coordination Chemistry Reviews,2008,252(10-11):1270-1285.

[147] DI NICOLA C,NGOUNE J,EFFENDY,et al. Synthesis and structural characterization of adducts of silver(I) diethyldithiocarbamate with P-donor ligands[J]. Inorganica Chimica Acta,2007,360(9) 2935-2943.

[148] LIU C W,SARKAR B,LIAW B J,et al. The influence of alkane spacer of bis (diphenylphosphino) alkanes on the nuclearity of silver(I): syntheses and structures of P,P'-bridged clusters and coordination polymers involving dithiophosphates[J]. Journal of Organometallic Chemistry,2009,694(14): 2134-2141.

[149] HEUER B,POPE S J A,REID G. Synthesis, spectroscopic and structural characterisation of copper, silver and gold complexes of the mixed P/O-donor ligand $Ph_2P(CH_2)_2O(CH_2)_2O(CH_2)_2PPh_2$[J]. Polyhedron,2000,19(7): 743-749.

[150] ARDUENGO A J,DIAS H V R,CALABRESE J C,et al. Homoleptic carbene-silver(I) and carbene-copper(I) complexes[J]. Organometallics,1993, 12(9):3405-3409.

[151] LIU B,CHEN W Z,JIN S W. Synthesis, structural characterization, and luminescence of new silver aggregates containing short Ag-Ag contacts stabilized by functionalized bis(N-heterocyclic carbene) ligands[J]. Organometallics,2007,26(15):3660-3667.

[152] WIMBERG J,SCHEELE U J,DECHERT S,et al. New Pyridazine-bridged NHC/pyrazole ligands and their sequential silver(I) coordination[J]. European Journal of Inorganic Chemistry,2011,2001(22):3340-3348.

[153] LIU B,XIA Q Q,CHEN W Z,et al. Direct synthesis of iron, cobalt, nickel, and copper complexes of N-heterocyclic carbenes by using commercially available metal powders[J]. Angewandte Chemie International Edition,2009, 48(30):5513-5516.

[154] BOURISSOU D, GUERRET O, GABBAÏ F P, et al. Stable carbenes[J]. Chemical 0Reviews,2000,100(1):39-92.

[155] POYATOS M, MATA J A, PERIS E. Complexes with poly(N-heterocyclic carbene) ligands:structural features and catalytic applications[J]. Chemical Reviews,2009,109(8):3677-3707.

[156] LIN J C Y, HUANG R T W, LEE C S, et al. Coinage metal N-heterocyclic carbene complexes[J]. Chemical Reviews,2009,109(8):3561-3598.

[157] GARRISON J C, YOUNGS W J. Ag(I) N-heterocyclic carbene complexes: synthesis,structure,and application[J]. Chemical Reviews,2005,105(11): 3978-4008.

[158] ZHOU Y B, CHEN W Z. Synthesis and characterization of square-planar tetranuclear silver and gold clusters supported by a pyrazole-linked bis(N-heterocyclic carbene) ligand [J]. Organometallics, 2007, 26(10): 2742-2746.

[159] GAILLARD S, SLAWIN A M Z, BONURA A T, et al. Synthetic and structural studies of [AuCl$_3$(NHC)] complexes[J]. Organometallics,2010,29(2): 394-402.

[160] RAY L, SHAIKH M M, GHOSH P. Shorter argentophilic interaction than aurophilic interaction in a pair of dimeric {(NHC)MCl}$_2$(M=Ag,Au) complexes supported over a N/O-functionalized N-heterocyclic carbene(NHC) ligand[J]. Inorganic Chemistry,2008,47(1):230-240.

[161] KHRAMOV D M, BOYDSTON A J, BIELAWSKI C W. Synthesis and study of janus bis(carbene)s and their transition-metal complexes[J]. Angewandte Chemie International Edition,2006,45(37):6186-6189.

[162] SIMONS R S, CUSTER P, TESSIER C A, et al. Formation of N-heterocyclic complexes of rhodium and palladium from a pincer silver(I) carbene complex[J]. Organometallics,2003,22:1979-1982.

[163] CHEN W Z, WU B, MATSUMOTO K. Synthesis and crystal structure of N-heterocyclic carbene complex of silver[J]. Journal of Organometallic Chemistry,2002,654(1):233-236.

[164] CATALANO V J, MALWITZ M A, ETOGO A O. Pyridine Substituted N – heterocyclic carbene ligands as supports for Au(I) – Ag(I) interactions: Formation of a chiral coordination polymer[J]. Inorganic Chemistry,2004,43(18):5714 – 5724.

[165] POWELL A B, BIELAWSKI C W, COWLEY A H. Electropolymerization of an N – heterocyclic carbene gold(I) complex[J]. Journal of the American Chemical Society,2009,131(51):18232 – 18233.

[166] CATALANO V J, ETOGO A O. Preparation of Au(I), Ag(I), and Pd(II) N – heterocyclic carbene complexes utilizing a methylpyridyl – substituted NHC ligand[J]. Inorganic Chemistry,2007,46:5608 – 5615.

[167] CATALANO V J, MALWITZ M A. Short metal-metal separations in a highly luminescent trimetallic Ag(I) complex stabilized by bridging NHC ligands [J]. Inorganic Chemistry: A Research Journal that Includes Bioinorganic, Catalytic, Organometallic, Solid – State, and Synthetic Chemistry and Reaction Dynamics,2003,42(18):5483 – 5485.

[168] RIT A, PAPE T, HAHN F E. Self – assembly of molecular cylinders from polycarbene ligands and AgI or AuI[J]. Journal of the American Chemical Society,2010,132(13):4572 – 4573.

[169] LIN I J B, VASAM C S. Preparation and application of N – heterocyclic carbene complexes of Ag(I)[J]. Coordination Chemistry Reviews,2007,251(5 – 6):642 – 670.

[170] TEYSSOT M L, JARROUSSE A S, MANIN M, et al. Metal – NHC complexes: a survey of anti – cancer properties[J]. Dalton Transactions, 2009, 2009(35):6894 – 6902.

[171] CONSTABLE E C. The coordination chemistry of 2,2′,6′,2″ – terpyridine and higher oligopyridines[J]. Advances in Inorganic Chemistry,1986,30:69 – 121.

[172] CUI F J, LI S G, JIA C D, et al. Anion – dependent formation of helicates versus mesocates of triple – stranded M_2L_3 (M = Fe^{2+}, Cu^{2+}) complexes[J]. Inorganic Chemistry,2011,51(1):179 – 187.

[173] CHOI Y M, MEBANE, WANG J H. Continuum and quantum - chemical modeling of oxygen reduction on the cathode in a solid oxide fuel cell[J]. Topics in Catalysis,2007,46(3/4):386-401.

[174] LIU Q X,YAO Z Q,ZHAO X J,et al. Two N - heterocyclic carbene silver(I) cyclophanes:synthesis, structural studies, and recognition p - phenylenediamine[J]. Organometallics,2011,30(14):3732-3739.

[175] TULLOCH A A D,DANOPOULOS A A,WINSTON S,et al. N - functionalised heterocyclic carbene complexes of silver[J]. Journal of the Chemical Society,Dalton Transactions,2000(24):4499-4506.

[176] SAITO S,SAIKA M,YAMASAKI R,et al. Synthesis and structure of dinuclear silver(I) and palladium(II) complexes of 2,7 - bis(methylene)naphthalene - bridged bis - N - heterocyclic carbene ligands[J]. Organometallics, 2011,30(6):1366-1373.

[177] RUBIO M,SIEGLER M A,SPEK A L,et al. Heterotopic silver - NHC complexes:from coordination polymers to supramolecular assemblies[J]. Dalton Transactions,2010,39(23):5432-5435.

[178] Samantaray M K,Katiyar V,Pang K L,et al. Silver N - heterocyclic carbene complexes as initiators for bulk ring - opening polymerization(ROP) of L - lactides [J]. Journal of Organometallic Chemistry, 2007, 692 (8): 1672-1682.

[179] KHLOBYSTOV A N,BLAKE A J,CHAMPNESS N R,et al. Supramolecular design of one - dimensional coordination polymers based on silver(I) complexes of aromatic nitrogen - donor ligands[J]. Coordination Chemistry Reviews,2001,222(1):155-192.

[180] BELLUSCI A,CRISPINI A,PUCCI D,et al. Structural variations in bipyridine silver(I) complexes:role of the substituents and counterions[J]. Crystal Growth & Design,2008,8(8):3114-3122.

[181] WU H C,THANASEKARAN P,TSAI C H,et al. Self - assembly, reorganization,and photophysical properties of silver(I) - schiff - base molecular rectangle and polymeric array species[J]. Inorganic Chemistry,2006,45(1):

295 - 303.

[182] KAES C, HOSSEINI M W, CLIFTON E F R, et al. Synthesis and structural analysis of a helical coordination polymer formed by the self - assembly of a 2,2' - bipyridine - based exo - ditopic macrocyclic ligand and silver cations [J]. Angewandte Chemie International Edition, 1998, 37(2): 920 - 922.

[183] MAMULA O, VON ZELEWSKY A, BARK T, et al. Stereoselective synthesis of coordination compounds: self - assembly of a polymeric double helix with controlled chirality [J]. Angewandte Chemie International Edition, 1999, 38 (19): 2945 - 2948.

[184] QUINODOZ B, LABAT G, STOECKLI - EVANS H, et al. Chiral induction in self - assembled helicates: CHIRAGEN type ligands with ferrocene bridging units [J]. Inorganic Chemistry: A Research Journal that Includes Bioinorganic, Catalytic, Organometallic, Solid - State, and Synthetic Chemistry and Reaction Dynamics, 2004, 43(25): 7994 - 8004.

[185] JANIAK C. A critical account on $\pi - \pi$ stacking in metal complexes with aromatic nitrogen - containing ligands [J]. Journal of the Chemical Society, Dalton Transactions, 2000(21): 3885 - 3896.

[186] CASTIÑEIRAS A, SICILIA - ZAFRA A G, GONZLEZ - P REZ J M, et al. Intramolecular "Aryl - metal chelate ring" π, π - interactions as structural evidence for metalloaromaticity in (aromatic alpha, alpha' - diimine) - copper (II) chelates: molecular and crystal structure of aqua(1, 10 - phenanthroline)(2 - benzylmalonato) copper(II) three - hydrate [J]. Inorganic Chemistry, 2002, 41(26): 6956 - 6958.

[187] YANG L, POWELL D R, HOUSER R P. Structural variation in copper(I) complexes with pyridylmethylamide ligands: structural analysis with a new four - coordinate geometry index, $\tau 4$ [J]. Dalton Transactions, 2007, 36(9): 955 - 964.

[188] BU X H, LIU H, DU M, et al. Novel boxlike dinuclear or chain polymeric silver(I) complexes with polypyridyl bridging ligands: syntheses, crystal structures, and spectroscopic and electrochemical properties [J]. Inorganic Chemi-

stry,2001,40(17):4143-4149.

[189] CATALANO V J,KAR H M,GARNAS J. A highly luminescent tetranuclear silver(I) cluster and its ligation - induced core rearrangement[J]. Angewandte Chemie International Edition,1999,38(13-14):1979-1982.

[190] CATALANO V J,MOORE A L. Mono -,di -,and trinuclear luminescent silver(I) and gold(I) N - heterocyclic carbene complexes derived from the picolyl - substituted methylimidazolium salt:1 - methyl - 3 - (2 - pyridinylmethyl) - 1H - imidazolium tetrafluoroborate[J]. Inorganic Chemistry,2005, 44(19):6558-6566.

[191] WANG C C,YANG C H,TSENG S M,et al. Structural characterization and luminescence behavior of a silver(I) 1D polymeric chain constructed via a bridge with unusual 4,5 - diazospirobifluorene and perchlorate[J]. Inorganic Chemistry,2004,43(16):4781-4783.

[192] LIU X,GUO G C,FU M L,et al. Three novel silver complexes with ligand - unsupported argentophilic interactions and their luminescent properties[J]. Inorganic Chemistry,2006,45(9):3679-3685.

[193] FERN NDEZ E J,L PEZ - DE - LUZURIAGA J M,MONGE M,et al. [Au_2-$Tl_2(C_6Cl_5)_4$](CH_3)$_2$CdO:a luminescent loosely bound butterfly cluster with a Tl(I) Tl(I) interaction[J]. Journal of the American Chemical Society, 2002,124(21):5942-5943.

[194] WANG D X,NIU Y Z,WANG Y K,et al. Tetrahedral silicon - centered imidazolyl derivatives:promising candidates for OLEDs and fluorescence response of Ag(I) ion[J]. Journal of Organometallic Chemistry,2010,695(21): 2329-2337.

[195] HU J Y,ZHAO J A,GUO Q Q,et al. Construction of a Ag_{12} high - nuclearity metallamacrocyclic 3D framework[J]. Inorganic Chemistry,2010,49(8): 3679-3681.

[196] TONG M L,CHEN X M,YE B H,et al. Self - assembled three - dimensional coordination polymers with unusual ligand - unsupported Ag - Ag bonds:syntheses,structures,and luminescent properties[J]. Angewandte Chemie Inter-

national Edition,1999,38(15):2237-2240.

[197] GHOSH A K,CATALANO V J. Synthesis and characterization of a series of new luminescent NHC - coordinated AuI - AgI tetra - and polymetallic complexes containing benzoate - bridged Ag_2 dimers[J]. European Journal of Inorganic Chemistry,2009,2009(13):1832-1843.

[198] YASHIMA E,MAEDA K,FURUSHO Y. Single - and double - stranded helical polymers: synthesis, structures, and functions[J]. Accounts of Chemical Research,2008,41(9):1166-1180.

[199] JUWARKER H,SUK J M,JEONG K S. Foldamers with helical cavities for binding complementary guests[J]. Chemical Society Reviews,2009,38(12):3316-3325.

[200] NI B B,YAN Q,MA Y G,et al. Recent advances in arylene ethynylene folding systems: toward functioning[J]. Coordination Chemistry Reviews,2010,254(9-10):954-971.

[201] KATAGIRI H,MIYAGAWA T,FURUSHO Y,et al. Synthesis and optical resolution of a double helicate consisting of ortho - linked hexaphenol strands bridged by spiroborates[J]. Angewandte Chemie International Edition,2006,45(11):1741-1744.

[202] TIE C,GALLUCCI J C,PARQUETTE J R. Helical conformational dynamics and photoisomerism of alternating pyridinedicarboxamide/m - (phenylazo) azobenzene oligomers[J]. Journal of the American Chemical Society,2006,128(4):1162-1171.

[203] ALBRECHT M, LIU Y, ZHU S, et al. Self - assembly of heterodinuclear triple - stranded helicates: control by coordination number and charge[J]. Chemical Communications,2009,2009(10):1195-1197.

[204] JUWARKER H,LENHARDT J M,PHAM D M,et al. 1,2,3 - Triazole CH⋯Cl(-) contacts guide anion binding and concomitant folding in 1,4 - diaryl triazole oligomers[J]. Angewandte Chemie(International Edition),2008,47(20):3740-3743.

[205] IIDA H,SHIMOYAMA M,FURUSHO Y,et al. Double - stranded supramo-

lecular assembly through salt bridge formation between rigid and flexible amidine and carboxylic acid strands[J]. Journal of Organic Chemistry,2010,75(2):417-423.

[206] LEHN J M,RIGAULTI A,SIEGEL J,et al. Spontaneous assembly of double-stranded helicates from oligobipyridine ligands and copper(I) cations:structure of an inorganic double helix[J]. Proceedings of the National Academy of Sciences of the United States of America,1987,84(9):2565-2569.

[207] LEHN J M. Perspectives in supramolecular chemistry-from molecular recognition towards molecular information processing and self-organization[J]. Angewandte Chemie International Edition,1990,29(11):1304-1319.

[208] LAWRENCE D S,JIANG T,LEVETT M. Self-assembling supramolecular complexes[J]. Chemical Reviews,1995,95(6):2229-2260.

[209] ALBRECHT M. Dicatechol ligands:novel building-blocks for metallo-supramolecular chemistry [J]. Chemical Society Reviews, 1998, 27(4): 281-287.

[210] ALBRECHT M. Artificial molecular double-stranded helices[J]. Angewandte Chemie International Edition,2005,44(40):6448-6451.

[211] SAALFRANK R W,MAID H,SCHEURER A. Supramolecular coordination chemistry:the synergistic effect of serendipity and rational design[J]. Angewandte Chemie International Edition,2008,47(46):8795-8824.

[212] MAAYAN G. Conformational control in metallofoldamers:design,synthesis and structural properties[J]. European Journal of Organic Chemistry,2009(33):5699-5710.

[213] KRÄMER R,LEHN J M,DE CIAN A,et al. Self-assembly,structure,and spontaneous resolution of a trinuclear triple helix from an oligobipyridine ligand and Ni^{II} ions[J]. Angewandte Chemie(International Edition),1993,32(5):703-706.

[214] KRAMER R,LEHN J M,MARQUIS-RIGAULT A. Self-recognition in helicate self-assembly:spontaneous formation of helical metal complexes from mixtures of ligands and metal ions[J]. Proceedings of the National Academy

of Sciences of the United States of America,1993,90(12):5394 – 5398.

[215] FERRERE S, ELLIOTT C M. Electrochemical studies of structurally related triply bridged dinuclear tris(bipyridine)iron(Ⅱ) complexes:an electrostatic model for site – site interaction[J]. Inorganic Chemistry,1995,34(23):5818 – 5824.

[216] ARGENT S P, ADAMS H, RIIS – JOHANNESSEN T, et al. Complexes of Ag(Ⅰ),Hg(Ⅰ) and Hg(Ⅱ) with multidentate pyrazolyl – pyridine ligands:from mononuclear complexes to coordination polymers via helicates, a mesocate,a cage and a catenate[J]. Dalton Transactions,2006,2006(42):4996 – 5013.

[217] LI A F, WANG J H, WANG F, et al. Anion complexation and sensing using modified urea and thiourea – based receptors[J]. Chemical Society Reviews,2010,39(10):3729 – 3745.

[218] KUBIK S. Anion recognition in water[J]. Chemical Society Reviews,2010,39(10):3648 – 3663.

[219] KANG S O, LLINARES J M, DAY V W. Cryptand – like anion receptors[J]. Chemical Society Reviews,2010,39(10):3980 – 4003.

[220] GALE P A, GUNNLAUGSSON T. Supramolecular chemistry of anionic species themed issue[J]. Chemical Society Reviews,2010,39(10):3980 – 4003.

[221] GALE P A. Anion receptor chemistry:highlights from 2008 and 2009[J]. Chemical Society Reviews,2010,39(10):3746 – 3771.

[222] KANG S O, BEGUM R A, BOWMAN – JAMES K. Amide – based ligands for anion coordination[J]. Angewandte Chemie International Edition,2006,45(47):7882 – 7894.

[223] CAMPOS – FERNÁNDEZ C S, SCHOTTEL B L, CHIFOTIDES H T, et al. Anion template effect on the self – assembly and interconversion of metallacyclophanes[J]. Journal of the American Chemical Society,2005,127(37):12909 – 12923.

[224] GALE P A, QUESADA R. Anion coordination and anion – templated assembly:highlights from 2002 to 2004[J]. Coordination Chemistry Reviews,2006,

250(23-24):3219-3244.

[225] GIMENO N, VILAR R. Anions as templates in coordination and supramolecular chemistry[J]. Coordination Chemistry Reviews, 2006, 250(23-24): 3161-3189.

[226] LANKSHEAR M D, BEER P D. Strategic anion templation[J]. Coordination Chemistry Reviews, 2006, 250(23-24):3142-3160.

[227] BARRELL M J, LEIGH D A, LUSBY P J. An ion-pair template for rotaxane formation and its exploitation in an orthogonal interaction anion-switchable molecular shuttle[J]. Angewandte Chemie International Edition, 2008, 47(42):8036-8039.

[228] HUPKA F, HAHN F E. A banana-shaped dinuclear complex with a tris(benzene-o-dithiolato) ligand[J]. Chemical Communications, 2010, 46(21):3744-3746.

[229] LI S G, WU B, HAO Y J, et al. 1D → 1D Two-fold parallel interpenetrated coordination polymers with a bis(pyridylurea) ligand[J]. CrystEngComm, 2010, 12:2001-2004.

[230] WU B, LIANG J J, ZHAO Y X, et al. Sulfate encapsulation in three-fold interpenetrated metal-organic frameworks with bis(pyridylurea) ligands[J]. CrystEngComm, 2010, 12(7):2129-2134.

[231] GALE P A. Structural and molecular recognition studies with acyclic anion receptors[J]. Accounts of Chemical Research, 2006, 39(7):465-475.

[232] HARGROVE A E, NIETO S, ZHANG T Z, et al. Artificial receptors for the recognition of phosphorylated molecules[J]. Chemical Reviews, 2011, 111(11):6603-6782.

[233] CUSTELCEAN R, BOSANO J, BONNESEN P V, et al. Computer-aided design of a sulfate-encapsulating receptor[J]. Angewandte Chemie International Edition, 2009, 121(22):4085-4089.

[234] SUN Q F, IWASA J, OGAWA D, et al. Self-assembled $M_{24}L_{48}$ polyhedra and their sharp structural switch upon subtle ligand variation[J]. Science, 2010, 328(5982):1144-1147.

[235] YOSHIZAWA M, TAMURA M, FUJITA M. Fiels - alder in aqueous molecular hosts: Unusual regioselectivity and efficient catalysis[J]. Science, 2006, 312 (5779): 251 - 254.

[236] YOSHIZAWA M, KLOSTERMAN J K, FUJITA M. Functional molecular flasks: new properties and reactions within discrete, self - assembled hosts [J]. Angewandte Chemie International Edition, 2009, 48(19): 3418 - 3438.

[237] CRONIN L. Inorganic molecular capsules: from structure to function[J]. Angewandte Chemie International Edition, 2006, 45(22): 3576 - 3578.

[238] LÜTZEN A. Self - assembled molecular capsules - even more than nano - sized reaction vessels[J]. Angewandte Chemie International Edition, 2005, 44 (7): 1000 - 1002.

[239] PLUTH M D, BERGMAN R G, RAYMOND K N. Proton - mediated chemistry and catalysis in a self - assembled supramolecular host[J]. Accounts of Chemical Research, 2009, 42(10): 1650 - 1659.

[240] AMOURI H, DESMARETS C, MOUSSA J. Confined nanospaces in metallocages: guest molecules, weakly encapsulated anions, and catalyst sequestration [J]. Chemical Reviews, 2012, 112(4): 2015 - 2041.

[241] CHAKRABARTY R, MUKHERJEE P S, STANG P J. Supramolecular coordination: self - assembly of finite two - and three - dimensional ensembles[J]. Chemical Reviews, 2011, 111(11): 6810 - 6918.

[242] DALGARNO S J, POWER N P, ATWOOD J L. Metallo - supramolecular capsules[J]. Coordination Chemistry Reviews, 2008, 252(8 - 9): 825 - 841.

[243] MAL P, BREINER B, RISSANEN K, et al. White phosphorus is air - stable within a self - assembled tetrahedral capsule[J]. Science, 2009, 324(5935): 1697 - 1699.

[244] PLUTH M D, BERGMAN R G, RAYMOND K N. Acid catalysis in basic solution: a supramolecular host promotes orthoformate hydrolysis[J]. Science, 2007, 316(5821): 85 - 88.

[245] KOBLENZ T S, WASSENAAR J, REEK J N H. Reactivity within a confined self - assembled nanospace[J]. Chemical Society Reviews, 2008, 37(2):

247-262.

[246] CLEGG J K, BREINER B, NITSCHKE J R. Reactivity modulation in container molecules[J]. Chemical Science, 2011, 2(1):51-56.

[247] TREMBLEAU L, REBEK J. Helical conformation of alkanes in a hydrophobic Ccavitand[J]. Science, 2003, 301(5637):1219-1220.

[248] ALBRECHT M, JANSER I, FROHLICH R. Catechol imine ligands: from helicates to supramolecular tetrahedra [J]. Chemical Communications, 2005: 157-165.

[249] SAALFRANK R W, MAID H, SCHEURER A, et al. Template and pH-mediated synthesis of tetrahedral indium complexes $[Cs \subset \{In_4(L)_4\}]^+$ and $[In_4(H^NL)_4]^{4+}$: breaking the symmetry of N-centered $C_3(L)^{3-}$ to give neutral $[In_4(L)_4][J]$. Angewandte Chemie International Edition, 2008, 47 (46):8941-8945.

[250] ALBRECHT M, JANSER I, MEYER S, et al. A metallosupramolecular tetrahedron with a huge internal cavity[J]. Chemical Communications, 2003, 2003 (23):2854-2855.

[251] YEH R M, XU J D, SEEBER G, et al. Large M_4L_4(M = Al(Ⅲ), Ga(Ⅲ), In(Ⅲ), Ti(Ⅳ)) tetrahedral coordination cages: an extension of symmetry-based design[J]. Inorganic Chemistry, 2005, 44(18):6228-6239.

[252] HAMÁČEK J, BÉRNARDINELLI G, GÉRALD H, et al. Tetrahedral assembly with lanthanides: toward discrete polynuclear complexes[J]. European Journal of Inorganic Chemistry, 2008, 2008(22):3419-3422.

[253] LIU Y, LIN Z, HE C, et al. A symmetry-controlled and face-driven approach for the assembly of cerium-based molecular polyhedral[J]. Dalton Transactions, 2010, 39(46):11122-11125.

[254] WANG J, HE C, WU P Y, et al. An amide-containing metal-organic tetrahedron responding to a spin-trapping reaction in a fluorescent enhancement manner for biological imaging of NO in living cells[J]. Journal of the American Chemical Society, 2011, 133(32):12402-12405.

[255] ALBRECHT M, JANSER I, BURK S, et al. Self-assembly and host-guest

chemistry of big metallosupramolecular M_4L_4 tetrahedra[J]. Dalton Transactions,2006(23):2875-2880.

[256] SAALFRANK R,MAID H,SCHEURER A,et al. Mesomerization of S_4-symmetric tetrahedral chelate complex $[In_4(L3)_4]$: first-time monitored by temperature-dependent ^1H-NMR spectroscopy[J]. European Journal of Inorganic Chemistry,2010,19:2903-2906.

[257] SAALFRANK R W,GLASER H,DEMLEITNER B,et al. Self-assembly of tetrahedral and trigonal antiprismatic clusters $[Fe_4(L4)_4]$ and $[Fe_6(L5)_6]$ on the basis of trigonal tris-bidentate chelators[J]. Chemistry-A European Journal,2002,8(2):493-497.

[258] CAULDER D L,BRUCKNER C,POWERS R E,et al. Design,formation and properties of tetrahedral M_4L_4 and M_4L_6 supramolecular clusters[J]. Journal of the American Chemical Society,2001,123(37):8923-8938.

[259] BRÜCKNER C,POWERS R E,RAYMOND K N. Symmetry-driven rational design of a tetrahedral supramolecular Ti_4L_4 cluster[J]. Angewandte Chemie International Edition,1998,37(13-14):1837-1839.

[260] CONERNEY B,JENSEN P,KRUGER P E,et al. The "Trinity" helix:synthesis and structural characterisation of a C_3-symmetric tris-bidentate ligand and its coordination to Ag(Ⅰ)[J]. Chemical Communications,2003,3(11):1274-1275.

[261] MAKO T L,RACICOT J M,LEVINE M. Supramolecular luminescent sensors [J]. Chemical Reviews,2019,119(1):322-477.

[262] LANGTON M J,SERPELL C J,BEER P D. Anion recognition in water:recent advances from a supramolecular and macromolecular perspective[J]. Angewandte Chemie International Edition,2016,55(6):1974-1987.

[263] GALE P A,HOWE E N W,WU X. Anion receptor chemistry[J]. Chem,2016,1(3):351-422.

[264] SHAKYA S,KHAN I M,AHMAD M. Charge transfer complex based real-time colorimetric chemosensor for rapid recognition of dinitrobenzene and discriminative detection of Fe^{2+} ions in aqueous media and human hemoglobin

[J]. Journal of Photochemistry and Photobiology A - Chemistry,2020, 392:112402.

[265] KHAN I M,SHAKYA S. Exploring colorimetric real - time sensing behavior of a newly designed CT complex toward nitrobenzene and Co^{2+}: spectrophotometric,DFT/TD - DFT,and mechanistic insights[J]. ACS Omega,2019,4(6):9983 - 9995.

[266] LIPSCOMB W N,STRÄTER N. Recent advances in zinc enzymology[J]. Chemical Reviews,1996,96(7):2375 - 2434.

[267] TABARY T,JU L Y,COHEN J H M. Homogeneous phase pyrophosphate (PPi) measurement(H_3PIM) a non - radioactive, quantitative detection system for nucleic acid specific hybridization methodologies including gene amplification[J]. Journal of Immunological Methods,1992,156(1):55 - 60.

[268] MCCARTY D J. Calcium pyrophosphate dihydrate crystal deposition disease [J]. Arthritis & Rheumatology,1976,19(Suppl 3):275 - 285.

[269] RUTSCH F,VAINGANKAR S,JOHNSON K,et al. PC - 1 nucleoside triphosphate pyrophosphohydrolase deficiency in idiopathic infantile arterial calcification[J]. The American Journal of Pathology,2001,158(2):543 - 554.

[270] DOHERTY M,BELCHER C,REGAN M,et al. Association between synovial fluid levels of inorganic pyrophosphate and short term radiographic outcome of knee osteoarthritis[J]. Annals of the Rheumatic Diseases,1996,55(7):432 - 436.

[271] GUMELAR R,ALAMSYAH A T,GUPTA I,et al. Sustainable watersheds: assessing the source and load of Cisadane River pollution[J]. International Journal of Environmental Science and Development,2017,8(7):484 - 488.

[272] HARGROVE A E,NIETO S,ZHANG T Z,et al. Artificial receptors for the recognition of phosphorylated molecules[J]. Chemical Reviews,2011,111(11):6603 - 6782.

[273] KIM S K,LEE D H,HONG J I,et al. Chemosensors for pyrophosphate[J]. Accounts of Chemical Research,2009,42(1):23 - 31.

[274] LIN Y Q,HU L L,LI L B,et al. Electrochemical determination of pyrophos-

phate at nanomolar levels using a gold electrode covered with a cysteine nano-film and based on competitive coordination of Cu(Ⅱ) ion to cysteine and pyrophosphate[J]. Microchimica Acta,2015,182(11-12):2069-2075.

[275] PRINS A P A,KILJAN E,STADT R J,et al. An assay for inorganic pyrophosphate in chondrocyte culture using anion - exchange high - performance liquid chromatography and radioactive orthophosphate labeling[J]. Analytical Biochemistry,1986,152(2):370-375.

[276] LEE S Y,YUEN K K Y,JOLLIFFE K A,et al Fluorescent and colorimetric chemosensors for pyrophosphate[J]. Chemical Society Reviews,2015,44(7):1749-1762.

[277] AMENDOLA V,BERGAMASCHI G,BOIOCCHI M,et al. The interaction of fluoride with fluorogenic ureas:An ON^1 - OFF - ON^2 response[J]. Journal of the American Chemical Society,2013,135(6):6345-6355.

[278] NISHIZAWA S,KATO Y,TERAMAE N. Fluorescence sensing of anions via intramolecular excimer formation in a pyrophosphate - induced self - assembly of a pyrene - functionalized guanidinium receptor[J]. Journal of the American Chemical Society,1999,121(40):9463-9464.

[279] XU Z C,SPRING D R,YOON J. Fluorescent sensing and discrimination of ATP and ADP based on a unique sandwich assembly of pyrene - adenine - pyrene[J]. Chemistry - An Asian Journal,2011,6(8):2114-2122.

[280] SINGLA P,KAUR P,SINGH K. Hg^{2+} triggered "off state - on state" conversion of a dipyrene derivative:Application to soft material[J]. Sensors and Actuators B:Chemical,2017,244:299-306.

[281] LIU L,ZHANG D Q,ZHANG G X,et al. Highly selective ratiometric fluorescence determination of Ag^+ based on a molecular motif with one pyrene and two adenine moieties[J]. Organic Letters,2008,10(11):2271-2274.

[282] RANI B K,JOHN S A. Pyrene - antipyrine based highly selective and sensitive turn - on fluorescent sensor for Th(Ⅳ)[J]. New Journal of Chemistry,2017,41(20):12131-12138.

[283] ZHAO J,YANG D,YANG X J,et al. Anion coordination chemistry:from reco-

gnition to supramolecular assembly[J]. Coordination Chemistry Reviews, 2019,378:415-444.

[284] FENG X L,AN Y X,YAO Z Y,et al. A turn-on fluorescent sensor for pyrophosphate based on the disassembly of Cu^{2+}-mediated perylene diimide aggregates[J]. ACS Applied Materials & Interfaces,2012,4(2):614-618.

[285] MATSUMOTO H,AZUMA K,NISHIMURA Y,et al. A drastic red-shift of tautomer fluorescence depending on the substitution pattern of pyrene-Urea compounds generated by excited state intermolecular proton transfer[J]. Chemistry Letters,2018,47(4):483-486.

[286] ROMERO T,CABALLERO A,TÁRRAGA A,et al. A click-generated triazole tethered ferrocene-pyrene dyad for dual-mode recognition of the pyrophosphate anion[J]. Organic Letters,2009,11(15):3466-3469.

[287] WU B,CUI F J,LEI Y B,et al. Tetrahedral anion cage:self-assembly of a $(PO_4)_4L_4$ complex from a tris(bisurea) ligand[J]. Angewandte Chemie International Edition,2013,52(19):5096-5100.

[288] JIA C D,WU B,LIANG J J,et al. A colorimetric and ratiometric fluorescent chemosensor for fluoride based on proton transfer[J]. Journal of Fluorescence,2010,20(1):291-297.

[289] YANG X B,YANG B X,GE J F,et al. Benzo[a]phenoxazinium-based red-emitting chemosensor for zinc ions in biological media[J]. Organic Letters,2011,13(10):2710-2713.

[290] SINGH N,KHAN I M,AHMAD A,et al. Synthesis,spectrophotometric and thermodynamic studies of charge transfer complex of 5,6-dimethylbenzimidazole with chloranilic acid at various temperatures in acetonitrile and methanol solvents[J]. Journal of Molecular Liquids,2016,221:1111-1120.

[291] SINGH N,KHAN I M,AHMAD A,et al. Synthesis and dynamics of novel proton transfer complex containing 3,5-dimethylpyrazole as donor and 2,4-dinitro-1-naphthol as acceptor:crystallographic,UV-visible spectrophotometric,molecular docking studies and Hirshfeld surface analyses[J]. New Journal Chemistry,2017,41(14):6810-6821.

[292] KHAN I M, ALAM K, ALAM M J. Exploring charge transfer dynamics and photocatalytic behavior of designed donor – acceptor complex: characterization, spectrophotometric and theoretical studies(DFT/TD – DFT)[J]. Journal of Molecular Liquids,2020,310:113213.

[293] NELSON G L, LINES A M, CASELLA A J, et al. Development and testing of a novel micro – Raman probe and application of calibration method for the quantitative analysis of microfluidic nitric acid streams[J]. Analyst,2018,143(5):1188 – 1196.

[294] MAAMAR M B, BECK D, NILSSON E E, et al. Epigenome – wide association study for glyphosate induced transgenerational sperm DNA methylation and histone retention epigenetic biomarkers for disease[J]. Epigenetics,2021,16(10):1150 – 1167.

[295] CHO H K, LEE D H, HONG J I. A fluorescent pyrophosphate sensor via excimer formation in water[J]. Chemical Communications,2005,2005(13):1690 – 1692.

[296] ZAPATA F, SABATER P, CABALLERO A, et al. A case of oxoanions recognition based on combined cationic and neutral C—H hydrogen bond interactions[J]. Organic & Biomolecular Chemistry,2015,13(5):1339 – 1346.

[297] XU Z C, SINGH N J, LIM J, et al. Unique sandwich stacking of pyrene – adenine – pyrene for selective and ratiometric fluorescent sensing of ATP at physiological pH[J]. Journal of the American Chemical Society,2009,131(42):15528 – 15533.

[298] GHOSH K, KAR D, CHOWDHURY P R. Benzimidazolium – based simple host for fluorometric sensing of $H_2PO_4^-$, F^-, PO_4^{3-} and AMP under different conditions[J]. Tetrahedron Letters,2011,52(39):5098 – 5103.

[299] Jiang X Z, Zhang D W, Zhang J J, et al. Pyrene – appended, benzimidazoliums – urea – based ratiometric fluorescent chemosensor for highly selective detecting of $H_2PO_4^-$[J]. Analytical Methods,2013,5(13):3222 – 32227.

[300] ZENG Z H, TORRIERO A A J, BOND A M, et al. Fluorescent and electrochemical sensing of polyphosphate nucleotides by ferrocene functionalised with

two Zn Ⅱ (TACN) (pyrene) complexes[J]. Chemistry – A European Journal, 2010,16(30):9154 – 9163.

[301] DAHAN A, ASHKENAZI T, KUZNETSOV V, et al. Synthesis and evaluation of a pseudocyclic tristhiourea – based anion host[J]. The Journal of Organic Chemistry,2007,72(7):2289 – 2296.

[302] SANCHEZ G, ESPINOSA A, CURIEL D, et al. Bis(carbazolyl)ureas as selective receptors for the recognition of hydrogenpyrophosphate in aqueous media [J]. Journal of Organic Chemistry,2013,78(19):9725 – 9737.

[303] GE J Z, LIU Z H, CAO Q Y, et al. A pyrene – functionalized polynorbornene for ratiometric fluorescence sensing of pyrophosphate[J]. Chemistry – An Asian Journal,2016,11(5):687 – 690.

[304] SASAKI S, CITTERIO D, OZAWA S, et al. Design and synthesis of preorganized tripodal fluororeceptors based on hydrogen bonding of thiourea groups for optical phosphate ion sensing[J]. Journal of the Chemical Society, Perkin Transactions 2,2001,1(12):2309 – 2313.

[305] POHL R, ALDAKOV D, KUBÁT P, et al. Strategies toward improving the performance of fluorescence – based sensors for inorganic anions[J] Chemical Communications,2004,37(11):1282 – 1283.

[306] GUO C X, SUN S T, HE Q, et al. Pyrene – linked formylated bis(dipyrromethane): a fluorescent probe for dihydrogen phosphate[J]. Organic Letters,2018,20(17):5414 – 5417.

[307] MCNAUGHTON D A, FARES M, PICCI G, et al. Advances in fluorescent and colorimetric sensors for anionic species[J]. Coordination Chemistry Reviews, 2021,427:213573.

[308] CUI F J, YIN G M, YANG R, et al. A colorimetric chemosensor for pyrophosphate based on mono – pyrenylurea in aqueous media[J]. Spectrochimica Acta. Part A, Molecular and Biomolecular Spectroscopy,2020,241:118658.

[309] PEI P X, HU J H, LONG C, et al. A novel colorimetric and "turn – on" fluorimetric chemosensor for selective recognition of CN^- ions based on asymmetric azine derivatives in aqueous media[J]. Spectrochimica Acta. Part A: Mo-

lecular and Biomolecular Spectroscopy,2018,198:182 – 187.

[310] FURUKAWA H, CORDOVA K E, O'KEEFFE M, et al. The chemistry and applications of metal – organic frameworks [J]. Science, 2013, 341 (6149):1230444.

[311] LEE J Y, Tang C Y Y, HUO F W, et al. Fabrication of porous matrix membrane(PMM) using metal – organic framework as green template for water treatment[J]. Scientific Reports,2014,4(1):03740.

[312] SINDORO M, YANAI N, JEE A Y, et al. Colloidal – sized metal organic frameworks:synthesis and applications[J]. Accounts of Chemical Research, 2014,47(2):459 – 469.

[313] HORCAJADA P, CHALATI T, SERRE C, et al. Porous metal – organic – framework nanoscale carriers as a potential platform for drug delivery and imaging[J]. Nature Materials,2010,9(2):172 – 178.

[314] MCKINLAY A C, MORRIS R E, HORCAJADA P, et al. BioMOFs:metal – organic frameworks for biological and medical applications[J]. Angewandte Chemie International Edition,2010,49(36):6260 – 6266.

[315] TAYLOR K M L, RIETER W J, LIN W B. Manganese – based nanoscale metal – organic frameworks for magnetic resonance imaging[J]. Journal of the American Chemical Society,2008,130(44):14358 – 14359.

[316] RIETER W J, TAYLOR K M L, LIN W B. Surface modification and functionalization of nanoscale metal – organic frameworks for controlled release and luminescence sensing[J]. Journal of the American Chemical Society,2007,129 (32):9852 – 9853.

[317] ROCCA J D, LIU D M, LIN W B. Nanoscale metal – organic frameworks for biomedical imaging and drug delivery[J]. Accounts of Chemical Research, 2011,44(10):957 – 968.

[318] JAHAN M, BAO Q L, YANG J X, et al. Structure – directing role of graphene in the synthesis of metal – organic framework nanowire[J]. Journal of the American Chemical Society,2010,132(41):14487 – 14495.

[319] JAHAN M, BAO Q L, LOH K P. Electrocatalytically active graphene – por-

phyrin MOF composite for oxygen reduction reaction[J]. Journal of the American Chemical Society,2012,134(15):6707-6713.

[320] HOU C T,PENG J Y,XU Q,et al. Elaborate fabrication of MOF-5 thin films on a glassy carbon electrode(GCE) for photoelectrochemical sensors[J]. RSC Advances,2012,2(33):12696-12698.

[321] MOROZAN A,JAOUEN F. Metal organic frameworks for electrochemical applications[J]. Energy & Environmental Science,2012,5(11):9269-9290.

[322] TANABE K K,COHEN S M. Postsynthetic modification of metal-organic frameworks a progress report[J]. Chemical Society Reviews,2011,40(2):498-519.

[323] COHEN S M. Postsynthetic methods for the functionalization of metal-organic frameworks[J]. Chemical Reviews,2012,112(2):970-1000.

[324] WEI H,WANG E K. Nanomaterials with enzyme-like characteristics (nanozymes):next-generation artificial enzymes[J]. Chemical Society Reviews,2013,42(14):6060-6093.

[325] SUN X,GUO S,CHUNG C S,et al. A sensitive H_2O_2 assay based on dumbbell-like $PtPd-Fe_3O_4$ nanoparticles[J]. Advanced Materials,2013,25(1):132-136.

[326] JOSEPHY P D,ELING T,MASON R P. The horseradish peroxidase-catalyzed oxidation of 3,5,3′,5′-tetramethylbenzidine. Free radical and charge-transfer complex intermediates[J]. The Journal of Biological Chemistry,1982,257(7):3669-3675.

[327] WANG T,FU Y C,CHAI L Y,et al. Filling carbon nanotubes with prussian blue nanoparticles of high peroxidase-like catalytic activity for colorimetric chemo-and biosensing[J]. Chemistry-A European Journal,2014,20(9):2623-2630.

[328] WANG T,FU Y C,BU L J,et al. Facile synthesis of Prussian Blue-filled multiwalled carbon nanotubes nanocomposites:exploring filling/electrochemistry/mass-transfer in nanochannels and cooperative biosensing mode[J].

Journal of Physical Chemistry C,2012,116(39):20908-20917.

[329] MAKSIMCHUK N V,ZALOMAEVA O V,SKOBELEV I Y,et al. Metal-organic frameworks of the MIL-101 family as heterogeneous single-site catalysts[J]. Proceedings of the Royal Society A:Mathematical,Physical and Engineering Sciences,2012,468(2143):2017-2034.

[330] TAYLOR-PASHOW K M L,DELLA ROCCA J,XIE Z G,et al. Postsynthetic modifications of iron-carboxylate nanoscale metal-organic frameworks for imaging and drug delivery[J]. Journal of the American Chemical Society,2009,131(40):14261-14263.

[331] ZHU Q L,LI J,XU Q. Immobilizing metal nanoparticles to metal-organic frameworks with size and location control for optimizing catalytic performance[J]. Journal of the American Chemical Society, 2013, 135 (28): 10210-10213.

[332] DU D,WANG M H,QIN Y H,et al. One-step electrochemical deposition of Prussian Blue-multiwalled carbon nanotube nanocomposite thin-film:Preparation,characterization and evaluation for H_2O_2 sensing[J]. Journal of Materials Chemistry,2010,20(8):1532-1537.

[333] LI Z F,CHEN J H,LI W,et al. Improved electrochemical properties of prussian blue by multi-walled carbon nanotubes[J]. Journal of Electroanalytical Chemistry,2007,603(1):59-66.

[334] TAGUCHI M,YAGI I,NAKAGAWA M,et al. Photocontrolled magnetization of CdS-modified Prussian Blue nanoparticles[J]. Journal of the American Chemical Society,2006,128(33):10978-10982.

[335] CHOUDHURY S,BAGKAR N,DEY G K,et al. Crystallization of Prussian Blue analogues at the air-water interface using an octadecylamine monolayer as a template[J]. Langmuir,2002,18(20):7409-7414.

[336] LINEWEAVER H,BURK D. The determination of enzyme dissociation constants[J]. Journal of the American Chemical Society, 1934, 56 (3): 658-666.

[337] Antony A C. The biological chemistry of folate receptors[J]. Blood,1992,79

(11):2807-2820.

[338] ZHANG J W, ZHANG H T, DU Z Y, et al. Water – stable metal – organic frameworks with intrinsic peroxidase – like catalytic activity as a colorimetric biosensing platform [J]. Chemical Communications, 2014, 50 (9): 1092-1094.

[339] AI L H, LI L L, ZHANG C H, et al. MIL – 53(Fe): a metal – organic framework with intrinsic peroxidase – like catalytic activity for colorimetric biosensing[J] Chemistry – A European Journal, 2013, 19(45): 15105-15108.

[340] GAO L Z, ZHUANG J, NIE L, et al. Intrinsic peroxidase – like activity of ferromagnetic nanoparticles [J]. Nature Nanotechnology, 2007, 2 (9): 577-583.

[341] SHI W B, WANG Q L, LONG Y J, et al. Carbon nanodots as peroxidase mimetics and their applications to glucose detection[J]. Chemical Communications, 2011, 47(23): 6695-6697.

[342] SU L, FENG J, ZHOU X M, et al. Colorimetric detection of urine glucose based $ZnFe_2O_4$ magnetic nanoparticles [J] Analytical Chemistry, 2012, 84 (13): 575-5758.

[343] CHEN S, HAI X, CHEN X W, et al. In situ growth of silver nanoparticles on graphene quantum dots for ultrasensitive colorimetric detection of H_2O_2 and glucose[J]. Analytical Chemistry, 2014, 86(13): 6689-6694.